TONGCAO FLOWERS

通草记

通草花制作入门教程

A Beginner's Guide to
Making Tongcao Flowers

菓子KASHI 著

化学工业出版社
·北京·

内容简介

通草花是一种非常精美的仿真花，在我国有着上千年的历史，属于省级非物质文化遗产。本书第一到第三章分别介绍了通草花的历史、制作通草花的工具和材料以及通草花制作的基本技法。第四章为通草花的制作教程，结合详细的步骤图和文字讲解，由浅及深地讲解了十几款精美通草花的制作方法，部分复杂案例还配有配套的视频教程，初学者也能轻松上手。第五章为通草花在生活中的应用，教授大家如何将通草花制作成实用的胸针、摆件等，让通草花真正地进入到大家的日常生活。第六章为通草花作品欣赏，为读者呈现更多精美的通草花。阅读完本书，大家也可以运用其中的技巧，举一反三，制作出不同的通草花作品，获得自主创作的成就感。

图书在版编目（CIP）数据

通草记：通草花制作入门教程/菓子KASHI 著.
北京：化学工业出版社，2024.11. --ISBN 978-7-122-46427-9

Ⅰ．TS938.1

中国国家版本馆CIP数据核字第20248EG548号

责任编辑：孙晓梅
责任校对：王鹏飞
装帧设计：溢思视觉设计／程超　　何无二
E-mail: isstudio@126.com

出版发行：化学工业出版社
（北京市东城区青年湖南街 13 号　邮政编码 100011）
印　　装：北京瑞禾彩色印刷有限公司
710mm×1000mm　1/16　印张 11¼　字数 181 千字
2025 年 4 月北京第 1 版第 1 次印刷

购书咨询：010-64518888
售后服务：010-64518899
网　　址：http://www.cip.com.cn
凡购买本书，如有缺损质量问题，本社销售中心负责调换。

定　　价：78.00 元

前　言

欢迎来到阿菓的花花世界。

一直以来我喜欢各种各样的花，每次看到美丽的花朵，心情就会十分愉悦。但花有花期，花朵盛放之后的凋零总是让人忍不住惋惜。为了定格自然界中花朵绽放的美丽瞬间，我开始搜寻打造仿真花的技法。2015年，我偶然间接触到造花，并深深地喜欢上了这门用各种材料（如纸、布料、黏土等）打造仿真花的手工艺术。为了做出逼真的花，我一边认真观察生活中的花，一边四处学习各种造花技巧，先后跟随国内外老师学习了糖花、威化纸花、黏土花、纸花等工艺。利用不同的材料打造出一朵朵美丽的花朵的过程，让我非常有成就感。

在学习造花的过程中，我一直积极地探索新的领域，在这个探索的过程中，因为对中国传统文化的喜爱，我了解到了通草花这门非遗工艺，并拜入非遗传承人李依凡老师的门下。在其指导下，我了解了许多关于通草的知识和制作技法，最终确定了将通草花作为自己之后深耕的造花领域。

通草花是用通草（通脱木）制作而成的仿真花，在中国已经有上千年的历史。通草花的花瓣立体，栩栩如生，让人见之忘俗，保存得当的情况下，通草花几乎是"永生"的，被称为"不谢之花"。第一次触摸到通草花，我就被它深深地吸引了，这种吸引不仅源于它的美感和历史魅力，还源于用植物还原植物的"魔力"。

随着对于通草花的深入了解，我对这门技艺产生了越来越浓厚的兴趣。了解到通草花制作技艺面临失传的境遇，我的内心涌现出了一种技艺传承的情怀。而作为新时代的年轻人，我深深地明白，要想将一门传统技艺传承下去，只靠情怀是不够的，还需要与时代审美相融合，进行与时俱进的创新。

之前学习各种造花工艺的经历，让我意识到，虽然材料和技法有所差异，但不同的造花工艺其实有一点是相通的，那就是在了解材料特性后，灵活地使用它们去展现创作者所理解的花的"生命力"。而通草花要想长久地"传承"，靠的一定不只是程式化的工艺流程，而是积极发掘通草这种材质本身绝佳的植物表现力，去打造符合现代人审美的花，并将这些花与人们的日常生活紧密联系起来。只有越来越多的人喜欢上通草花，并乐于在生活中应用通草花，激发通草花作为商品的价值，才能吸引人们去深入了解它。一言以蔽之，使用通草创造新颖实用的作品，才是对于通草花最好的保护与传承。

在本书中，我根据多年线上线下进行通草花授课的经验，为大家总结了通草花制作的基本技法和一些花型的制作教程。但大家一定不要被技法和教程"捆绑"。切割花瓣、滚边压纹、粘贴……这些技法只是用来辅助你更好地去传达你想要表达的内容，就好像写一篇文章，你首先要学会写字，而制作一朵花的过程其实就是不断地找寻与描写你脑海里那朵花的样子。

制作花的路径并不是唯一的，大自然和你天马行空的想象力才是一切灵感的来源。

美是多样的，艺术是自由的、多元的、不被定义的。优秀的作品不会是严丝合缝地按照步骤进行精确的复制、粘贴。作品仿真或者写意都没有问题，只需要倾听自己内心的声音。

在熟练掌握通草花的制作技巧以后，希望你也能找到最适合自己的方法与风格，早日"绽放"出真正属于自己的那朵通草花。

这趟叫作造花的列车没有终点，我也在每一次制作的过程中不断地感知和探索无限的可能。

很高兴遇见你，那么接下来，就请你和我一起踏上制作通草花的旅程吧。

菓子

目 录

第一章

初识通草花

通草花的历史

通草花是将通脱木内径削成薄片后制作而成的手工仿真花卉，属于我国传统的手工制花艺术品。

历史上关于通草花的记载最早可以追溯到秦朝：《中华古今注》中记录了秦始皇令嫔妃"插五色通草苏朵子"，这表明通草花早在2200多年前便存在并应用于宫中簪花了，是历史记载中最早出现的宫廷仿真花。

在后世的不少书籍记载中，亦能看见通草花。

唐代陈藏器撰写的《本草拾遗》中记载"通脱木，生山侧。叶似蓖麻*，心中有瓤，轻白可爱，女工取以饰物。"

唐代冯贽撰写的《南部烟花记》中记载"陈后主为张贵妃丽华造桂宫……丽华被素袿裳，梳凌云髻，插白通草苏朵子……"

宋代吴自牧所著的《梦粱录》提到"凡遇圣节、朝会宴，赐群臣通草花"。

北洋政府时期，由赵尔巽为总担纲编纂的《清史稿》中记载，富察氏皇后生活节俭，"平居以通草绒花为饰，不御珠翠"。

1931年8月9日《京报图画周刊》上刊登了《扎草花赞》一文，记录了北京隆福寺通草花手工艺人手艺精湛，梅兰芳在演出《四郎探母》时旗头上使用了通草花，可以假乱真。

清朝时期，许多从广州口岸进入中国的外国人会将通草花作为伴手礼带回各国，如今英国皇家植物园——邱园，还保存着1850年中国制作的通草菊花。

据记载，清宫造办处有个叫作"花儿作"的部门，专门制作通草花和绒花、绢花，供后妃使用。

在历史上，通草花的制作工艺在全国各地都有传承和记载。然而，进入工业时代之后，通草花的制作技艺逐渐没落，在全国很多地区都已失传。幸运的是，有一部分人依然在坚持传承与发展通草花技艺。现在北京、江苏、福建、广东等地，通草花制作技艺都已被列为非物质文化遗产。

近年来，年轻一代对传统工艺的关注度越来越高，不少手工爱好者也开始注意到通草花并开始进行创新发展，笔者就是其中之一。

通草花是中华民族珍贵的文化瑰宝之一，希望能有越来越多的人喜欢它们、传承它们，相信在大家的努力下，它们将长长久久地绽放在历史的长河畔。

---

* 即蓖麻。

通草花的主要材料——通草纸

通草是通脱木的俗称，属于五加科通脱木属植物。它是中国的原生植物，在我国分布广泛，北自陕西（太白山），南至广西、广东，西起云南西北部（丽江）和四川西南部（雷波、峨边），经贵州、湖南、湖北、江西而至福建和台湾均有分布。

北京景山公园里的大通草叶片（摄影：李依凡）

通草花制作的主要材料是通草纸，它是将通脱木的白色茎髓取出后转削成厚薄均匀的薄片制成的。这一项工艺通常需要经验丰富的老师傅用特制刀具完成，至今尚未被机器取代。

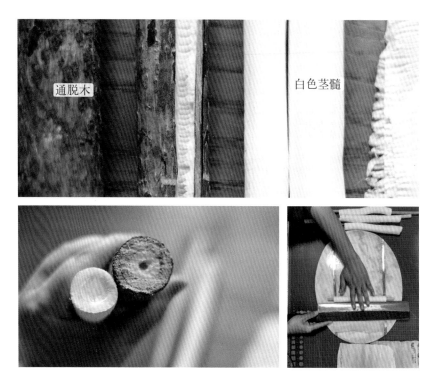

通脱木　　　　　　白色茎髓

削制通草纸示意图（摄影：李依凡）

　　通草纸的质感类似泡沫纸，吸水会变柔软，干燥后定型。通草花的制作正是运用了这一特性。细看通草纸的表面好像有一层浅浅的"绒毛"，上色后更明显，这也让通草制作的花卉更加栩栩如生。

第二章

通草花制作
工具和材料

基础工具

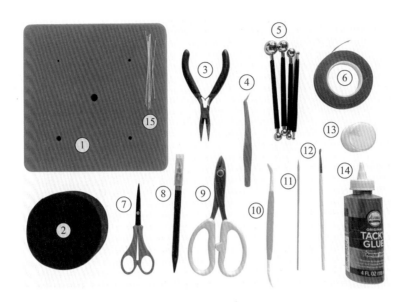

① **造型海绵垫**：垫在通草片或黏土下方辅助制作滚边和划纹理等大部分造型。

② **软海绵垫**：制作弧度非常大的造型时使用。

③ **尖嘴钳**：在穿插体积较大的黏土时，将铁丝顶部拗成小弯钩后夹紧。

④ **尖头镊子**：制作花蕊等细节造型。

⑤ **丸棒**：用于滚边，压薄通草边缘，以及做一些有弧度的造型。

⑥ **花艺胶带**：一种纸质胶带，颜色丰富，尺寸多样，主要用于缠绕花、叶的枝干。在缠绕较细的枝干时通常使用细一些的花艺胶带；反之，使用粗一些的花艺胶带。

⑦ **剪刀**：修剪通草纸和黏土。

⑧ **刻刀**：刻出通草片的形状。

⑨ **铁丝剪**：用于修剪铁丝。

⑩ **鸭嘴棒**：一头勺形，一头尖。勺形的一头主要用于制作一些花瓣边缘的弧度，尖的一头主要用于制作一些纹理。

⑪ **竹签**：用来做一些卷边造型或涂抹胶水。

⑫ **胶水刷**：用于涂抹胶水。

⑬ **胶水分装盒**：将胶水分装出来更便于使用，但分装出来的胶水会更易干。

⑭ **白胶**：白色胶体，干后呈透明色。用于粘贴黏土或通草片。

⑮ **纸包铁丝**：制作枝干的材料，规格型号通常使用数字进行编号，如22号、28号、30号等。号数越大，铁丝越细。可以根据花型大小自行选择型号。

通草纸及其润湿工具

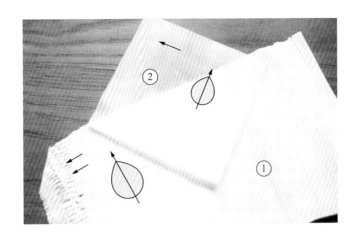

① **厚通草纸**：制作质感较厚的花瓣时会用到厚通草纸，边缘有横条纹，需要避开瑕疵使用。中线单一的花片可沿着竖纹（垂直于横纹）裁剪。教程中使用的通草纸指的是这一款纸。

② **超薄通草纸**：制作质感轻盈的花瓣时会用到超薄通草纸，相较厚通草纸来说不易碎。通常这款纸是面积较小的方形，瑕疵较少。吸水快，润湿时间需要更短一些。裁剪花片依然尽量可以沿着竖纹裁剪。

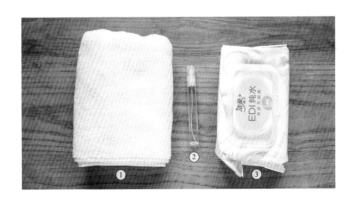

① **毛巾**：沾水后拧干到不滴水后将通草纸放在毛巾中间使用。

② **喷壶**：选用细雾喷壶，喷湿通草纸。

③ **纯水湿巾**：将通草纸放在中间润湿。

注：三种工具均可用于润湿通草纸。干燥地区推荐使用毛巾润湿，保湿效果较好。湿度较大地区可以使用喷壶或纯水湿巾。书中润湿通草纸使用的是纯水湿巾。

黏土及其相关工具

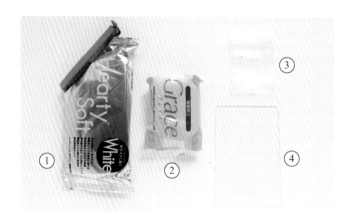

① **超轻黏土**：干后呈现不透明白色，重量较轻，适合制作看不见的花心等填充部分。遇空气后易干，开封后需要密封隔绝空气。

② **树脂黏土**：干后呈现半透明的白色，用油画颜料调色后可用于制作花蕊或花枝部分。遇空气后易干，开封后需要密封隔绝空气。

使用时可以添加少量白色颜料降低黏土透明度。本书课程里用到的白色树脂黏土基底都默认添加了少量白色油画颜料。

③ **自封袋**：用于黏土保湿。也可辅助做一些黏土造型。

④ **压泥板**：主要用于按压黏土或搓长条等。

上色基本工具与材料

① **色粉饼**：用于黏土或通草片上色，增加颜色层次感。

② **色粉笔**：用途同色粉饼。

③ **油画颜料**：通草与黏土上色材料。

④ **笔刷**：油画颜料，色粉上色工具。其中圆峰笔头大多用于小面积上色，点状，线状上色。平峰笔头则多用于较大面积上色，线状，片状上色。

⑤ **一次性调色纸**：油画颜料调色使用。

⑥ **一次性酱料盒**：无味稀释剂容器，大面积上色时调和油画颜料与稀释剂使用。

⑦ **无味稀释剂**：稀释调和油画颜料，使其增加流动性。

注：通草花遇水后会吸水变柔软，所以花瓣造型后只能使用油画颜料或色粉上色。造型前通草纸可采用水彩或丙烯等含水颜料染色。

辅助工具

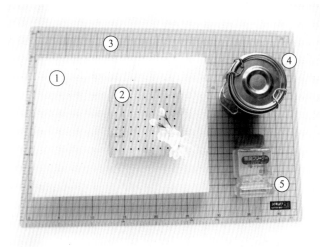

① **插花泡沫板**：可以将制作中或制作好的花叶插在泡沫板上，避免碰撞变形。

② **黏土晾干插板**：用途同插花泡沫板。

③ **切割垫板**：用刻刀雕刻通草片时垫在下方避免损伤桌面。

④ **洗笔筒**：洗笔液容器。

⑤ **洗笔液**：清洗油画画笔的溶液，可放置沉淀后反复使用。

第三章

基本技法

通草花制作的

通草片的润湿

制作通草花首先需要掌握的基础技法即是润湿通草片，正确的湿度会让通草花的制作更加顺利。只要掌握了通草片状态的判断以及应对方式，无论用哪种方法润湿通草片都是可以的。

扫码观看通草片
的润湿技法

───── **通草片的润湿步骤** ─────

❶ 取1～2张湿纸巾，将剪裁好的通草片放置在湿纸巾中间，等待25秒左右。可根据湿度、通草纸厚薄等状况调整润湿时间。

❷ 润湿适度的通草纸折叠后易定型，不会立刻回弹，划出的纹理也清晰可见。

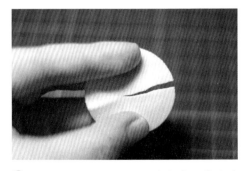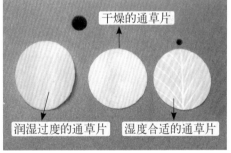

干燥的通草片

润湿过度的通草片　湿度合适的通草片

❸ 润湿时间不够，润湿不均匀的通草片造型时极易破碎，出现这种情况时需要延长通草片的润湿时间。

❹ 润湿时间过长的通草片变形会较严重，造型时会反弹，无法定型，划出的纹理也会模糊不清。此时可以将过湿的通草片稍稍放置晾干一些再进行制作，并注意在之后的操作中缩短通草片的润湿时间。如果短时间润湿也会过湿，可以将湿纸巾稍稍挤掉一些水分再使用。

上色技巧

（1）用油画颜料染色

制作通用绿色通草片

制作通草花之前，可以提前准备一些染好色的各种厚度的绿色通草片，这些通草片在制作常规的叶片和花萼时可以直接使用。

制作步骤

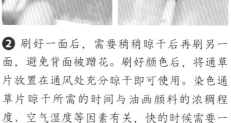

❶ 由于光合作用的影响，绝大部分叶片都是正面颜色深、背面颜色浅，所以我们需要调出一深一浅两个绿色。通常我会使用沙普绿 + 少量拿坡里黄调深绿色，再加入大量的锌白调出一个浅绿色。叶片基底颜色也可以加减颜料自行调配。由于调色时很难保证每次的混合比例完全相同，不同批次调配的颜色可能出现色差，建议一次多调配一些颜料。

❷ 刷好一面后，需要稍稍晾干后再刷另一面，避免背面被蹭花。刷好颜色后，将通草片放置在通风处充分晾干即可使用。染色通草片晾干所需的时间与油画颜料的浓稠程度、空气湿度等因素有关，快的时候需要一两天，慢的时候则需要一周或者更长时间。

小贴士

平头笔刷

圆头笔刷

尖头笔刷（勾线笔）

对大面积通草片进行染色时，一般使用的是平头笔刷。平头笔刷通常用于较大面积上色和片状区域上色。

对小面积的局部进行上色时，常使用圆头笔刷。进行精细线条的勾勒时，常使用尖头笔刷（勾线笔）。

（2）用色粉笔或色粉饼染色技巧

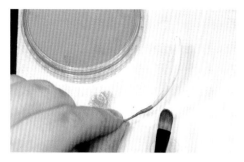

用色粉饼上色时，直接用笔刷在色粉饼上蘸取即可使用，通常蘸取色粉后需要在纸巾上蹭一蹭笔头上的余粉，再少量多次地上色，这样色粉着色会更加均匀、柔和。

色粉笔需要用小刀刮取少量粉末后用笔刷蘸取使用，上色技巧与色粉饼相同。

纸样的使用

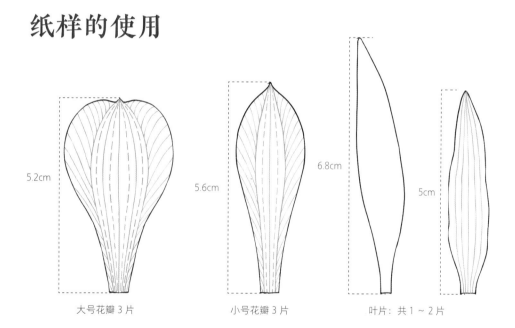

5.2cm

大号花瓣 3 片

5.6cm

小号花瓣 3 片

6.8cm

5cm

叶片：共 1 ～ 2 片

　　上图为六出花的纸样，颜色较深的实线部分为需要剪裁的花片轮廓，可在硫酸纸上临摹花片轮廓，沿着轮廓剪下纸样后，再按照纸样裁剪出（或用刻刀刻出）通草片的形状。颜色较浅的实线是花片正面的纹理，颜色较浅的虚线是花片反面的纹理，可将花片放在海绵垫上，用鸭嘴棒的尖头按照纹理演示的大概走向在通草片上划出纹理。

　　注意：下文中纸样标识的花片所需数量为制作一支花所需的数量，制作多支花时需要按照花的数量自行计算所需裁剪花片的数量。

花蕊的制作

不同花型的花蕊，表现形式也不同，可以灵活地运用各种材料特质去还原最接近真实花朵的效果。

（1）用黏土制作花蕊
（制作方法见本书第四章金银花）

黏土制作花蕊仿真度极高，但制作步骤繁杂，难度较高，较为费时。

（2）使用通草与黏土组合制作花蕊
（制作方法见本书第四章柚子花）

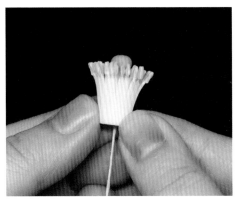

通草与黏土结合制作花蕊能减轻花蕊的整体重量，用通草制作雄蕊较为仿真。

（3）用胶带与黏土组合制作花蕊
（制作方法见本书第四章彼岸花）

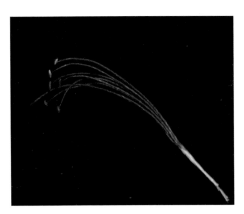

用胶带制作的花蕊纸质肌理感强，仿真度较差，但制作速度快，比较便捷。

（4）用尼龙线与磨砂胶制作花蕊
（制作方法见本书第四章吊兰）

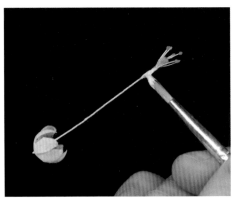

磨砂胶与尼龙线通常用于制作体积微小的花蕊。

花瓣的造型技巧

（1）滚边

为了使花瓣状态更真实，润湿后的花片需要先压薄边缘再进行造型，这一步骤叫作滚边。滚边时，较大的花瓣选用丸棒较大那头，反之选择小头。超薄的通草片不需要滚边。

滚边后的效果

❶ 裁剪出花瓣的形状。

❷ 用湿纸巾润湿花瓣。

❸ 在海绵垫上用丸棒压薄花瓣边缘。注意着力点尽量放在花瓣的边缘线上。

（2）表现花瓣立体感

滚边结束后，用丸棒在海绵垫上微微按压花瓣中心的部分，会让花瓣轻微卷起，呈现出立体的效果。在软海绵垫上造型比在硬海绵垫上造型的花瓣卷起弧度大。

❶ 硬海绵垫造型效果。

❷ 软海绵垫造型效果。

用鸭嘴棒的勺形头侧面按压花瓣边缘，花瓣的边缘会局部卷曲，通常会使用这样的方法进行花瓣细节部分的造型。

注意：如果花瓣太干燥，花瓣造型过程中容易破碎。所以制作过程中需要留意花瓣湿度，注意是否需要微微润湿花瓣或加快制作速度。

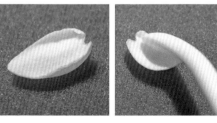

❸ 鸭嘴棒造型效果。

黏土的使用技巧

（1）黏土的固定

在固定体积较大的黏土时，为了增加摩擦力，需要将铁丝顶部拗出一个小弯钩后夹紧，再穿入黏土。操作步骤如下。

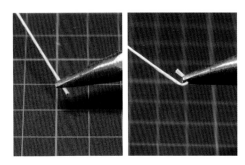

❶ 用尖嘴钳夹住铁丝顶部，将夹住的部分向后弯成U形。

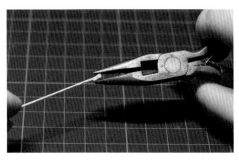

❷ 夹扁这个U形，让铁丝头的体积整体变小。

❸ 将黏土捏出适合的形状。

❹ 用铁丝头蘸取胶水。

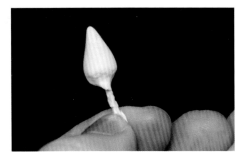

❺ 将造型好的黏土穿过铁丝头，再收紧底部并掐掉多余的部分。

❻ 黏土的固定就完成了，完全晾干后即可使用。

（2）黏土的调色

树脂黏土干后会呈现出半透明的白色，用油画颜料调色后可用于制作花蕊等部分。使用时可以用牙签蘸取少量白色油画颜料添加进去，降低黏土的透明度。注意：树脂黏土遇空气后易干，开封后需要密封隔绝空气。

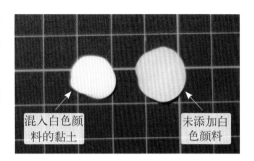

混入白色颜料的黏土

未添加白色颜料

调色步骤

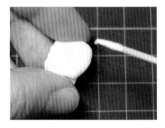

❶ 用牙签蘸取少量白色油画颜料加入黏土中。

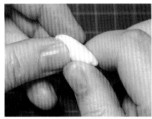

❷ 揉捏混合均匀后调色完成。

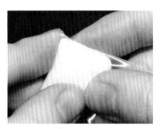

❸ 调色完成的黏土需要放入自封袋密封保存，防止接触空气后干燥。

纸胶带的使用方法

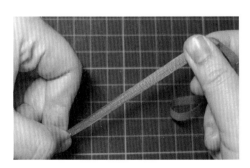

❶ 胶带使用前需要先拉扯释放胶性。

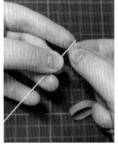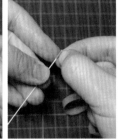

❷ 缠绕纸胶带时，开头的部分需要将胶带绕过铁丝后用手指掐紧再向下旋转。注意不要横向旋转太多圈，以免枝干开头部分太粗。有时遇到特殊花型不能从花头部分开始缠绕胶带，可以在稍稍靠下的位置缠绕几圈后向上推，使胶带和花头能恰好衔接在一起。

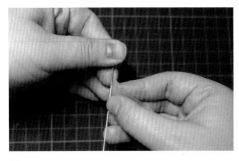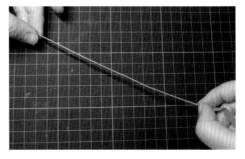

❸ 胶带缠绕的过程中，尽量斜向拉扯缠绕，这样可以有效避免枝干缠绕过粗。一直缠绕到底，之后剪去多余的部分即可。

笔刷的清理

　　用于油画颜料上色的笔刷如果不清洗干净，干燥以后会非常坚硬，所以每次用完需要进行清洗。用于色粉上色的笔刷可以不进行清理，区分颜色后可多次使用。笔头出现严重分叉、炸毛时需要丢弃换新。

❶ 在洗笔筒里加入可以没过笔头的洗笔液，将油画颜料笔刷放入洗笔液清洗。洗笔液沉淀后会重新变清澈，可以定期过滤残渣后反复使用。

❷ 清洗完毕后用湿纸巾擦拭笔头，最后晾干笔头即可。

通草花成品的保存与运输打包

（1）通草花的保存

　　通草花怕水易碎，保存时需要注意防潮、防尘，防止长时间暴晒。做好的通草花作品可以放置在亚克力或玻璃透明罩中保存，也可以放置在透明展示柜中保存。南方特别潮湿的地方可以在柜中放置适量干燥剂。

展示柜 　　　　　　　　　　　　透明玻璃罩通草音乐盒

（2）通草花的运输打包

　　打包通草花可以采用下述方法，这样打包的通草花普通的运输是很稳定的。如果要寄快递的话，纸盒与快递盒子之间也要进行填充，保证纸盒不会在快递盒中撞来撞去。

❶ 准备一个较硬的盒子。需要打包运输的饰品制作时最好能让其背面是平整的。如果实在有花瓣朝下，可以向前掰弯花头或垫高花头，让花头较大程度地远离盒壁。

❷ 用胶带把主体固定在盒子上，用手按紧避免松动。较大尺寸的花可以多贴一点胶带固定。

❸ 先取一小部分棉花填充花头与盒子之间的缝隙，保证花头不会直接碰撞到盒子上。花头与花头之间也可以做一些填充。最后填充满其余的部分。

❹ 取一小团棉花，拉松一点盖在花头上，注意这里不要取太多棉花，以免盖上盖子把花头压碎。最后盖上盖子就打包好啦。

第四章

通草花作品制作

工具材料

超薄通草纸，28 号铁丝，12mm/6mm 绿色纸胶带，树脂黏土

油画颜料：锌白色，永固玫红，熟褐，拿坡里黄

实物大小的纸样

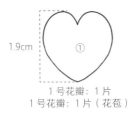

1.9cm

1 号花瓣：1 片
1 号花瓣：1 片（花苞）

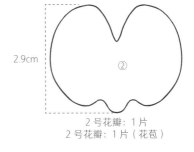

2.9cm

2 号花瓣：1 片
2 号花瓣：1 片（花苞）

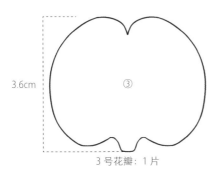

3.6cm

3 号花瓣：1 片

1.16cm

花萼：1 片
花萼：1 片（花苞）

制作步骤

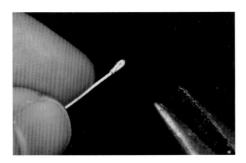

❶ 取约15cm长的28号铁丝，用铁丝钳打弯钩。夹紧弯钩，让它体积变小。

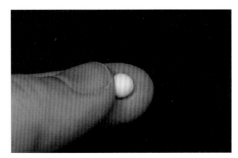

❷ 取一团直径约0.4cm的白色树脂黏土，揉捏后搓圆。

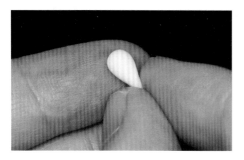

❸ 向一侧用力，将黏土球搓成水滴状。

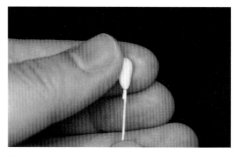

❹ 在铁丝打钩处涂抹胶水，将铁丝从水滴状黏土的尖头处穿入，停留在水滴二分之一处。

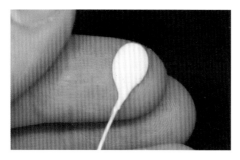

❺ 捏紧水滴状黏土的底端，并轻轻按扁黏土。

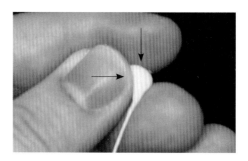

❻ 用食指顶住黏土顶端，用大拇指将黏土的一侧向前推平。

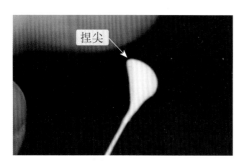

捏尖

❼ 最后将两指间的夹角捏尖一些。

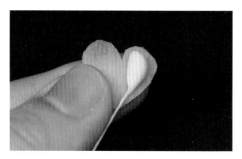

❽ 花心的具体大小可以用最小号（1号）花瓣做参考，确保花瓣可以包裹住花心即可。

❾ 用超薄通草纸根据纸样裁剪出1号花瓣的形状，并润湿花瓣。

❿ 在软海绵垫上用最小号丸棒在花瓣的左右两端的中间部分做凹形。

⑪ 用鸭嘴棒的尖头在花瓣中间拉一条直线，让花瓣折叠。

⑫ 在花心上涂抹胶水，将造型好的1号花瓣粘贴在花心上。

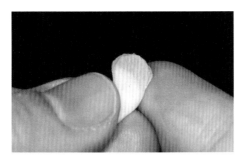

⑬ 注意花心较平那端贴在花瓣中线上，弧形端对着花瓣开口处。粘贴时不要按扁花瓣。

⑭ 根据纸样裁剪出2号花瓣，润湿。

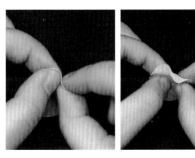

⑮ 用手指捏住花瓣边缘缓慢多次地用力扭转，制作出幅度较大的波浪。

⑯ 用稍大的丸棒和步骤10一样，在花瓣的左右两侧做凹形。

⑰ 在花瓣中间拉直线折叠。注意不要碰到边缘的波浪。

⑱ 在粘好1号花瓣的花心较平且不开口的那侧涂胶水。

⑲ 将花心粘贴在2号花瓣的中线上，底端对齐。

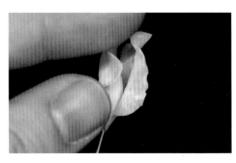

⑳ 手指微微蘸水，将前面的花瓣展开一点，再强调一下波浪的弧度。

㉑ 在花茎上缠绕绿色纸胶带。

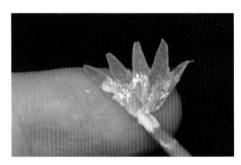

㉒ 用绿色纸胶带根据纸样剪出花萼的形状，在花萼底部涂抹胶水。

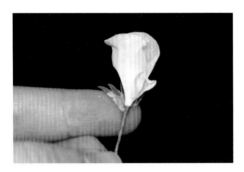

㉓ 将涂好胶水的花萼粘贴在花心底部。一朵香豌豆花苞就做好了。

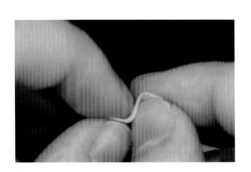

㉔ 根据纸样裁剪出3号花瓣，润湿，同样用手指扭转做波浪。

㉕ 在花瓣中线拉一条直线。

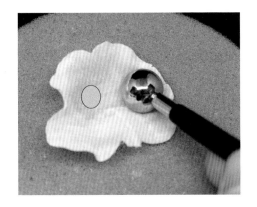

㉖ 将花瓣翻面后，在花瓣左右两侧做凹形，这样做出的花瓣会呈现外翻状态。在花瓣正面做凹形则会呈现内扣的效果。一束花中可以出现一些外翻和一些内扣的花形，看起来会更自然。

㉗ 重复步骤1～20制作花心。在花心背面的底部涂抹胶水，将制作好的3号花瓣底部粘贴到花心上。

㉘ 胶水干透后，手指蘸水调整花瓣外翻的幅度。

㉙ 同步骤22～23，制作并粘贴花萼。一朵盛开的香豌豆就做好了。

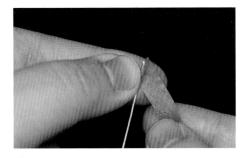

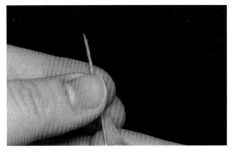

㉚ 用绿色纸胶带缠绕30号铁丝做香豌豆的藤蔓。

㉛ 开始缠纸胶带的位置要高过铁丝部分，呈现尖尖的效果。

㉜ 依次添加缠好胶带的铁丝并缠好固定。注意高低错落。

㉝ 将固定好的藤蔓依次缠绕在牙签上制作出弯曲的状态。

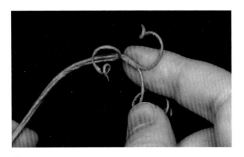

㉞ 用手指或粗一些的笔制作比较大的弧度。调整好最后的形态，藤蔓就做好了。

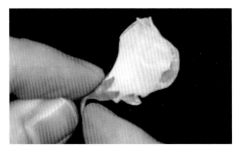

㉟ 将所有花头掰弯约90度。

㊱ 准备好两支完全盛开的香豌豆、一支花苞以及一支藤蔓开始组装。（花头数量可以自由发挥）

㊲ 将花苞放置于顶端，盛开的花放在下方，用纸胶带将它们固定在一起，向下缠绕。

㊳ 继续向下左右高低错落地组装下一支花头。

㊴ 最后组装藤蔓，用纸胶带固定。

40 调节花枝弧度。

41 修剪枝干的长度。

42 将稀释剂加入油画颜料（永固玫红＋少许熟褐＋少许锌白），调出深粉色。

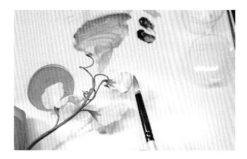

43 先填涂顶端花苞和盛开的香豌豆的中间部分。从花瓣外侧向内晕染渐变。

44 用深粉色＋少许拿坡里黄＋锌白调出浅粉色，晕染盛开的香豌豆外层花瓣。

45 最后用少许深粉色晕染花瓣边缘。香豌豆上色比较自由，可以按照自己的喜好搭配晕染层次。上色完成后，彻底晾干，香豌豆就制作完成啦。

蓝星花（天蓝尖瓣藤）

夹竹桃科 尖瓣藤属
Oxypetalum coeruleum

工具材料

厚通草纸，绿色厚通草纸，30号铁丝，树脂黏土，超轻黏土，6mm绿色纸胶带

色粉：深蓝色色粉（520.3），浅蓝色色粉（560.8），紫红色色粉（430.3），深绿色色粉（660.3）

实物大小的纸样

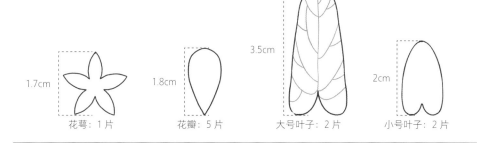

1.7cm　花萼：1片　　1.8cm　花瓣：5片　　3.5cm　大号叶子：2片　　2cm　小号叶子：2片

制作步骤

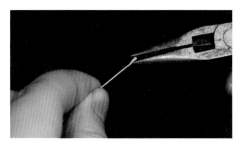

❶ 在30号铁丝顶部打弯钩。

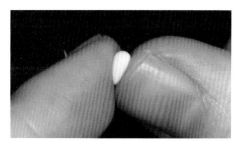

❷ 取一小团直径约0.2cm的白色树脂黏土，并搓成水滴形。

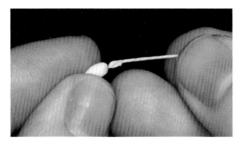

❸ 将铁丝打钩的一端蘸上胶水，从水滴形黏土的圆头端穿入。

❹ 用指尖捏紧黏土底部。将顶部也捏尖一些，形成长约0.5cm的水滴形花蕊。

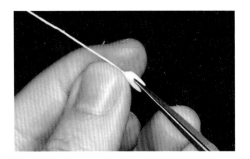

⑤ 用剪刀将花蕊顶部剪开。

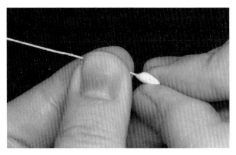

⑥ 用手稍稍整理一下，让顶部依然是尖的形态。

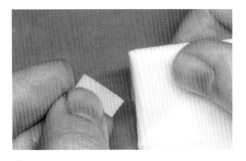

⑦ 剪一片长约1.2cm、宽约0.5cm的通草片，将其润湿。

⑧ 用丸棒压薄长方形通草片的四条边缘。

⑨ 用鸭嘴棒的尖头划四条线，将长方形的长边分成5份。

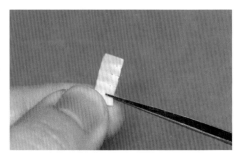

⑩ 沿着四条线的痕迹剪开顶部，刀口约0.2cm长。

⑪ 用深蓝色色粉（520.3）刷花片顶部，主要着色宽度约0.1cm。

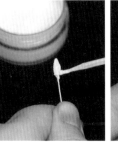

⑫ 用牙签在花蕊底部涂胶水。将花片粘贴在花蕊周围，注意不要遮盖住花蕊顶部尖尖的部分。

⓭ 手指微微蘸水后，将顶部分叉部分微微外翻。副花冠就完成了。

⓮ 根据花瓣的纸样剪出5片花瓣。润湿后滚薄边缘。

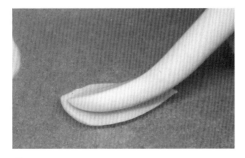

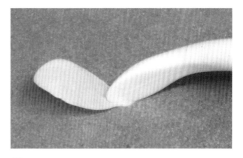

⓯ 用鸭嘴棒的勺形端边缘在花瓣顶部左右两端按压做出凹形。

⓰ 将花瓣翻面，之后在底端按压出一个小凹槽。

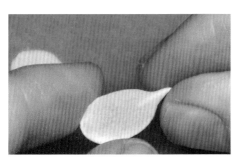

⓱ 将花瓣翻回来，再捏紧底端。

⓲ 用同样的方法处理好5片花瓣，之后在每片花瓣底部涂上胶水。

⓳ 将花瓣粘贴在做好的副花冠底部。

⓴ 在副花冠外粘贴好5片花瓣。

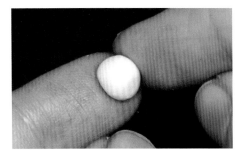

㉑ 取一团直径约0.4cm的超轻黏土，揉圆。

㉒ 在花头底部涂抹胶水，穿入黏土球。

㉓ 将圆球搓长一些，收紧底部，适当掐掉多余部分，最后长度保留到约0.7cm，花萼能刚好包住的程度最佳。

㉔ 用绿色花片根据花萼的纸样裁剪出花萼萼的形状，润湿后压薄边缘。

㉕ 用鸭嘴棒的尖头在花萼的每个萼片的中线划出直线。

㉖ 手指微微蘸水，对折萼片，加深一下折叠痕迹。

㉗ 在黏土底部涂抹胶水，将花萼穿入，移动到花朵下方，粘贴好。

㉘ 用浅蓝色色粉（560.8）将花瓣刷一层颜色。之后混合少许深蓝色色粉（520.3）再刷一层，色块分布不用太均匀。

㉙ 之后用少许紫红色色粉（430.3）覆盖在花瓣边缘，颜色依然不需要太均匀。刷色只需要刷正面，背面留白即可。

㉚ 用深绿色色粉（660.3）从花萼底部向上刷色。

㉛ 最后用绿色纸胶带包裹枝干。

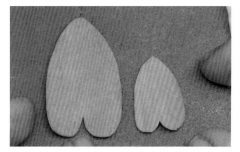

㉜ 用绿色通草片根据叶片的纸样刻出大号和小号叶片的形状。

㉝ 润湿通草片后滚薄边缘。

㉞ 用鸭嘴棒的尖头根据纸样划出叶片的纹理。

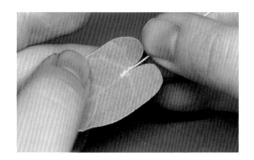

㉟ 用30号铁丝的一端蘸取胶水。将铁丝粘贴在叶片中线底部约1cm的长度。

㊱ 用手捏紧叶片底部有铁丝的部分，再展开顶部。

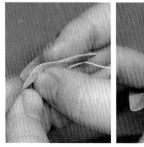

37 手指微微蘸水，给叶片做一些不规律的波浪纹理。

38 用深绿色色粉（660.3）从叶片边缘向中间刷出渐变色。

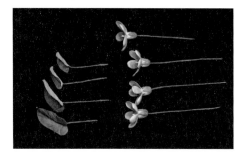

39 所有的叶片和花枝都缠上绿色胶带，之后就可以开始组装了。

40 如图，先将花头组装在一起，再依次添加叶片和花头。组装花枝时，大小可以随意一些。蓝星花就制作好啦。

工具材料

超薄通草纸，22 号铁丝，30 号铁丝，6mm 棕色 / 绿色纸胶带，树脂黏土

油画颜料：锌白色，浅镉黄色，沙普绿，氧化铬绿

色粉：白色色粉（100.5），深绿色色粉（660.3）

实物大小的纸样

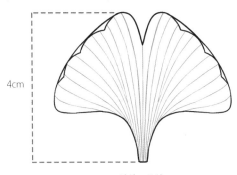

4cm

叶片：2 片

制作步骤

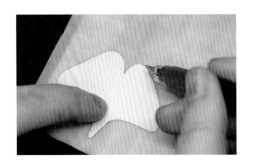

❶ 用超薄通草纸根据纸样刻出叶片形状。

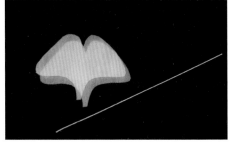

❷ 准备两张通草叶片和约10cm的30号铁丝。

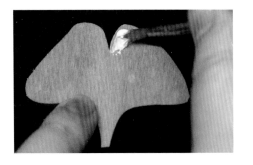

❸ 在一片叶片上涂抹胶水，通草纸遇到大量胶水会变形，所以涂抹速度尽量快一些。

❹ 将铁丝放置在涂好胶水的叶片的中轴线二分之一的位置，盖上另一片叶片。第一片叶片由于接触到胶水可能会有少许变形，尽量对齐即可。

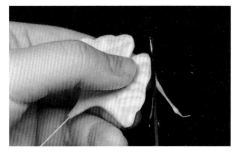

❺ 将叶片边缘根据纸样修剪出一些不规则的波浪边。每一片叶片需要有些差异。

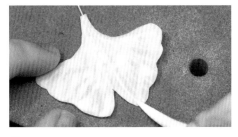

❻ 等待胶水稍微干一些后，根据纸样直接划出叶片的纹理，这里因为胶水足够多所以不需要再单独润湿。

❼ 用丸子棒滚薄叶片边缘。

❽ 将叶片底部向中间折叠。

❾ 将叶片顶部微微拨弄出一些波浪。

❿ 从铁丝和叶片交界处稍靠上的位置开始缠绕绿色胶带，一直缠到底。

⓫ 用沙普绿＋氧化铬绿＋少许浅镉黄色＋少许稀释剂调出一个深绿色。用锌白色＋浅镉黄＋刚刚调出的深绿色调出一个黄绿色。在叶片的随机位置刷上少许黄绿色。

⑫ 在其余位置刷上步骤11调好的深绿色。

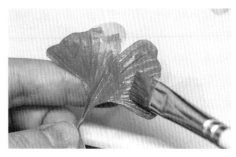

⑬ 用深绿色稍稍盖住黄绿色，留出较小面积的黄绿色。

⑭ 最后用黄绿色笔刷过渡交界处，让颜色衔接更自然。

⑮ 用大量锌白色＋少许深绿色调出浅绿色，涂抹叶片背面。用同样的方法制作8片叶片，颜色可以有些变化。

⑯ 用棕色胶带将银杏叶高低错落地绑在一起，三两一组，可以随意组合。

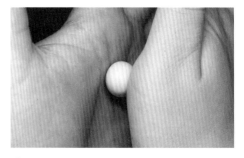

⑰ 取约10cm的22号铁丝，在顶部打钩并夹紧。

⑱ 在白色树脂黏土中加入少许沙普绿调出一个很淡的绿色，之后将其搓成椭圆形。

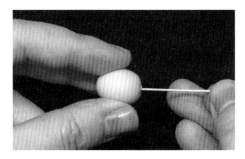

⓳ 用铁丝打钩的一端蘸取胶水，穿入黏土球，一直插到中间的位置。

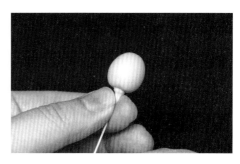

⓴ 将黏土球底部捏出一个小尾巴，用手指转圈捏平整接口。

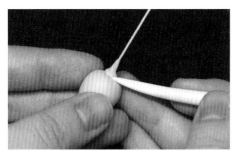

㉑ 用鸭嘴棒的尖头在黏土球底部划小圈，做出银杏果的果蒂部分。

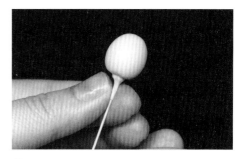

㉒ 将底部的黏土搓得更长、更细一些。

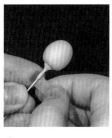

㉓ 将绿色胶带从铁丝和黏土交界处稍靠上的位置开始往下缠，一直缠到底。一共准备5颗大小不一的银杏果。

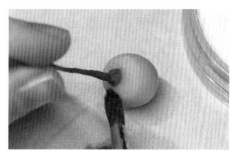

㉔ 在银杏果和果柄交界处和果蒂处刷上深绿色色粉（660.3）。

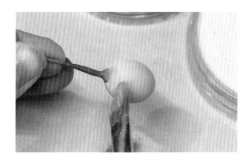

㉕ 从银杏果底部向中间刷白色色粉（100.5），渐变过渡，模拟白霜。

㉖ 将银杏果三两一组用棕色胶带绑在一起。

27 调整银杏果的果柄，使其自然弯曲。

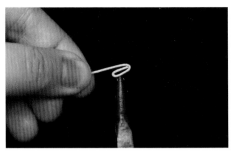

28 准备22号铁丝，在距一端约1cm的位置转两圈。

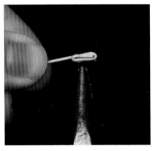
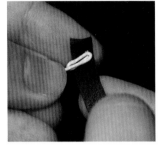

29 夹紧铁丝圈。用棕色胶带从铁丝顶部向下缠，缠两遍。用同样的方法制作一根长约25cm的铁丝做主枝干，剪三根约5cm的铁丝做短枝。

30 准备好银杏叶、银杏果、短枝以后，开始组装银杏枝。

31 从叶片簇生处下端稍微掰弯叶片。

32 将叶片和第一个短枝靠在一起，缠上棕色胶带。

33 向下继续添加叶片。

❸❹ 掰弯银杏果的交界处，将其与叶片绑在一起。

❸❺ 向下继续添加短枝。

❸❻ 如图依次添加银杏叶、银杏果、短枝，将胶带缠到底部。

❸❼ 剪掉下端多余的枝条。

❸❽ 最后调整叶片和枝干的弧度，银杏枝就完成啦。

柚子花

芸香科 柑橘属
Citrus maxima

工具材料

厚通草纸，绿色厚通草纸，22 号铁丝，30 号铁丝，6mm 绿色纸胶带，树脂黏土，超轻黏土

色粉：浅绿色色粉（680.3），黄色色粉（250.5），浅黄色色粉（250.8）

实物大小的纸样

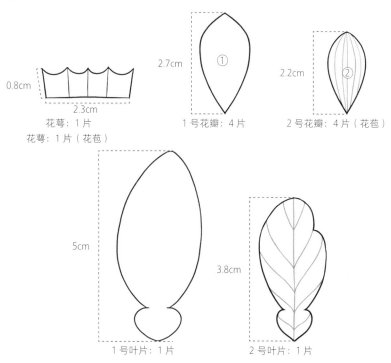

0.8cm

2.3cm

花萼：1 片
花萼：1 片（花苞）

2.7cm

①

1 号花瓣：4 片

2.2cm

②

2 号花瓣：4 片（花苞）

5cm

1 号叶片：1 片

3.8cm

2 号叶片：1 片

制作步骤

❶ 取一团直径1cm左右的白色树脂黏土，揉捏后搓成水滴形。

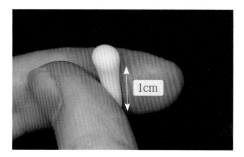

1cm

❷ 将尖的那端搓到大概1cm的长度，保留顶部圆圆的形态，顶部圆球直径约0.5cm。

❸ 准备22号铁丝，打钩后，用打钩的一端蘸取胶水。

❹ 将铁丝从黏土底部向上穿，铁丝顶部停留在圆头中间。

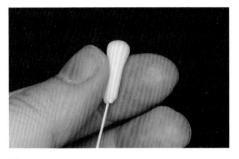

❺ 将底部长条搓得更细长。

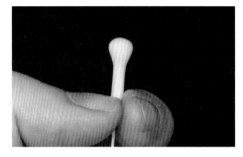

❻ 掐掉多余的部分，花柱加柱头的总长约1.5cm。

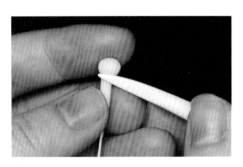

❼ 用鸭嘴棒的尖头端在圆球底端转圈强调分界线。

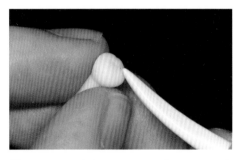

❽ 在圆球顶端中间位置戳一个洞。以戳的洞为中心，向外发散划出一些纹理。

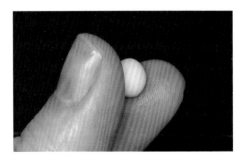

❾ 将树脂黏土搓成一个直径约0.5cm的圆球。

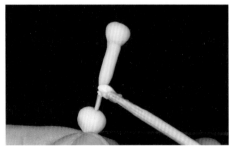

❿ 在花柱下方涂抹胶水，之后将圆球穿入铁丝后贴在花柱底部。

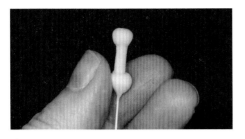

⑪ 将圆球向上推扁一些，雌蕊完成。整个雌蕊长约1.8cm，柱头直径约0.5cm，子房直径约0.7cm。

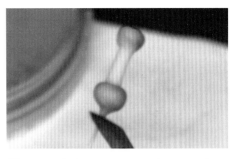

⑫ 用浅绿色色粉（680.3）刷柱头和子房。

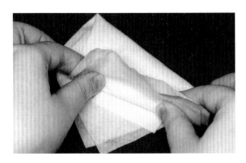

⑬ 剪长5cm、宽2cm的通草长条，微微润湿。

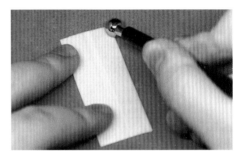

⑭ 将长条两侧的长边滚边压薄。

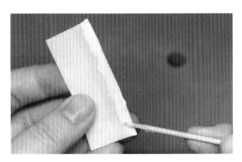

⑮ 在一侧长边上涂抹宽0.3cm的胶水。

⑯ 将涂抹胶水的部分折叠粘贴在一起。

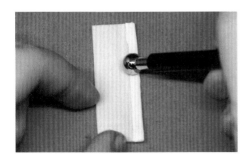

⑰ 胶水微干后，用丸棒按压接口处。

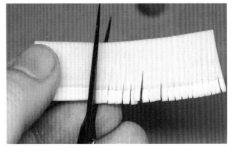

⑱ 从折叠处开始剪出宽约0.1cm的细条，底部留出约0.3cm不剪开。

⑲ 将镊子在湿纸巾上微微沾湿，之后在折叠处顶部中间夹出竖线，营造花药的纹理。

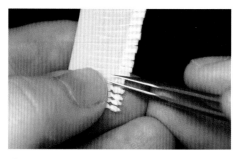

⑳ 用镊子在花药顶端夹出小尖角。

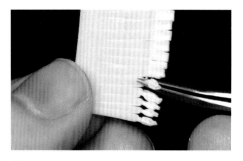

㉑ 花药底端也夹一下。

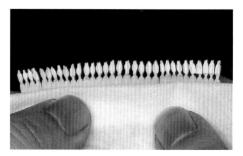

㉒ 微微润湿花丝的部分。

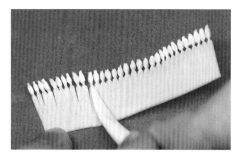

㉓ 用鸭嘴棒的尖头端在每一根花丝中间拉出竖线纹理。

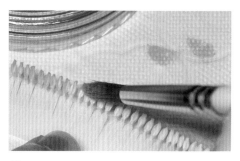

㉔ 用黄色色粉（250.5）刷花药部分。

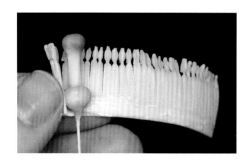

㉕ 在雄蕊底部刷胶水后，将其贴在做好的雌蕊外围。

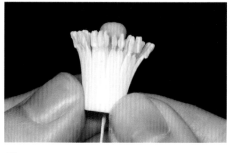

㉖ 用手微微按压底部，将底部收紧一些。

㉗ 将通草纸根据纸样剪出1号花瓣的轮廓，润湿后滚薄边缘。

㉘ 用鸭嘴棒的尖头划出花瓣的纹理。

㉙ 用鸭嘴棒的勺形端在花瓣顶端左右按压出内卷的弧度。

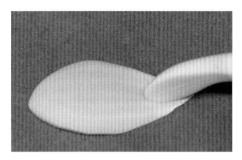

㉚ 翻面后，在花瓣底部按压出凹槽。

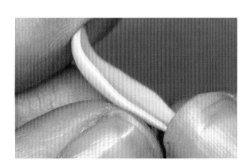

㉛ 再翻回来用手指调整花瓣弧度。

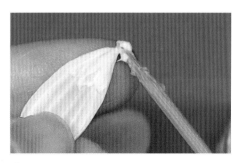

㉜ 在花瓣底部涂抹胶水。

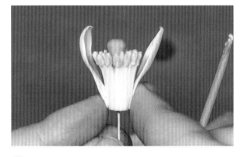

㉝ 十字形粘贴花瓣。注意此处胶水涂得越高，花形越闭合。

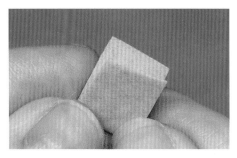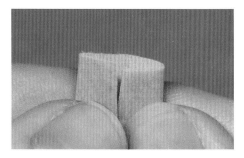

❸❹ 将绿色通草片裁剪成长2.3cm、宽0.8cm的长条，之后将其润湿，把浅色部分朝里对折，再对折一次，将长条分成四份。

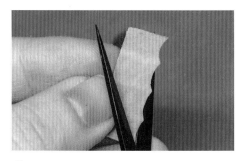

❸❺ 用鸭嘴棒的尖头加深一遍折叠的痕迹。

❸❻ 根据纸样在顶端修剪出波浪形。

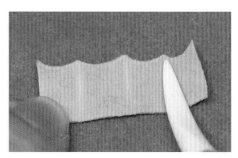

❸❼ 再次润湿后滚薄边缘。

❸❽ 将浅色面朝上，再次用鸭嘴棒强调折痕。

❸❾ 取一团黄豆大小的超轻黏土，搓圆后垫在花头底端。

❹⓿ 捏尖底端，用于填充花托的部分。

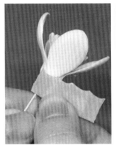 

41 在步骤38处理好的绿色花片上涂抹胶水，每个弧形对齐花瓣粘贴好。

42 按捏花萼四角，一起向下方折叠。

43 手上微微蘸水，调整花瓣开合度。

44 在花梗上缠上绿色纸胶带，用浅黄色色粉（250.8）从花瓣背面顶部向下刷出渐变色。

45 用浅绿色色粉（680.3）从花萼底部向上刷出渐变色。如果绿色花片颜色较深，可以换一个更深的绿色色粉刷。

46 将22号铁丝打钩，用打钩的一端蘸取胶水。

47 将超轻黏土搓成水滴状。

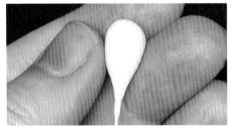

48 将铁丝穿入水滴状黏土的尖头，掐掉多余的部分收尾。最后花心的长约1.5cm，顶端直径约0.7cm。

❹❾ 根据纸样裁剪出2号花瓣，滚边，压薄边缘。

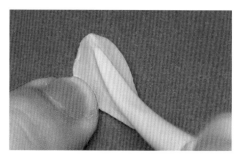

❺⓪ 用鸭嘴棒划出花瓣纹理。

❺❶ 用于制作花苞的花瓣弧度需要更大些，用丸棒的小头端在花瓣顶部按压出弧度。

❺❷ 将花瓣翻面，在底部按压出小凹槽。

❺❸ 最后整理顶部形态。

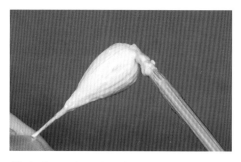

❺❹ 在黏土顶部涂抹胶水。

❺❺ 将花瓣对称粘贴。先固定好顶部，再在花瓣底部涂胶水，按压底部，等胶水微干后松手。

❺❻ 后两片花瓣需要粘贴得稍高一点，遮盖住黏土部分。

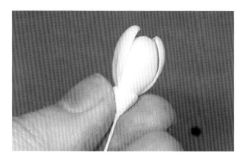

⑤⑦ 准备绿豆大小的超轻黏土，用与步骤 39 ~ 40 相同的方法制作花萼填充。

⑤⑧ 用与步骤 41 ~ 42 相同的方法制作花萼。将花萼粘贴到花苞底部，位置可以稍微靠上一些。

⑤⑨ 在花梗上缠绿色纸胶带。

⑥⓪ 用浅黄色色粉（250.8）从花苞顶部向下刷渐变。

⑥① 用浅绿色色粉（680.3）从花萼顶部向下刷渐变。

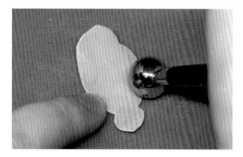

⑥② 用绿色通草片根据纸样裁出 2 号叶片的轮廓，润湿后用丸棒压薄边缘。

⑥③ 用鸭嘴棒的尖头划出叶片脉络。

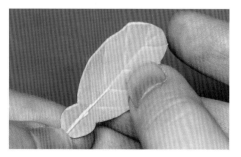

⑥④ 准备 30 号铁丝，将其用胶水粘贴在叶子主叶脉下方三分之一的位置。

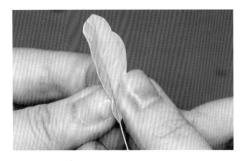

65 捏住叶片背面，手指微微蘸水展开前面的部分。

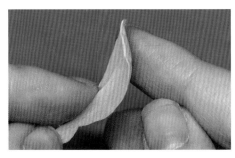

66 最后将叶片微微后翻，调整叶片整体弧度。

67 用浅绿色色粉（680.3）从叶片边缘向中间刷渐变。

68 再用与步骤62～67相同的方法制作出1号叶片。准备好叶片和花就可以开始组装了。

69 将花苞先瓣弯，将花头捆绑在一起。

70 如图，依次将叶片和花头组装到一起，柚子花就完成啦。

吊兰

天冬门科 吊兰属
Chlorophytum comosum

工具材料

厚绿色通草纸，超薄通草纸，30 号铁丝，24 号铁丝，打蜡尼龙线，UV 磨砂胶，UV 胶固化灯，6mm 白色纸胶带，树脂黏土

油画颜料：锌白色，铬黄色，沙普绿

色粉：黄色色粉（250.5），浅绿色色粉（680.3）

实物大小的纸样

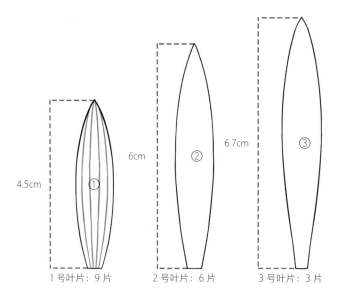

1 号叶片：9 片　　2 号叶片：6 片　　3 号叶片：3 片

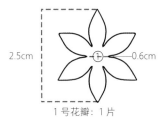

1 号花瓣：1 片

2 号花瓣：3 片（花苞）

❶ 用绿色通草片根据纸样裁剪出1号叶片后润湿。

❷ 在海绵垫上用丸棒压薄叶片边缘。

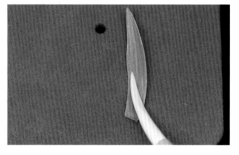

❸ 将深色面朝上，用鸭嘴棒的尖头划出纹理。

❹ 将叶片沿着中线微微折叠。

❺ 捏住叶片两端向后弯曲，将两端微微外翻。

❻ 将少量稀释剂加入油画颜料（锌白色＋铬黄色）中，调出一个浅黄色。用笔刷蘸取这个浅黄色，涂抹在叶片两侧边缘。

❼ 继续蘸取浅黄色，从叶片底端向上拉一条较粗的直线，到顶端颜色淡一点，线条也细一些。

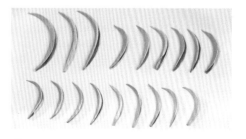

❽ 用与步骤1～7同样的方法制作其余的叶片，注意中间的线条可以长短不规则，做出自然的差别。放置晾干后备用。

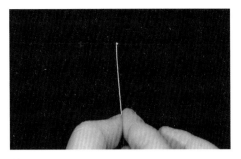

⑨ 将一段30号铁丝打小弯钩。

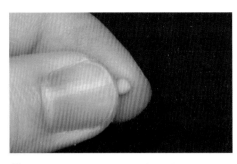

⑩ 取一团直径约0.2cm的绿色树脂黏土（白色黏土＋沙普绿颜料）。

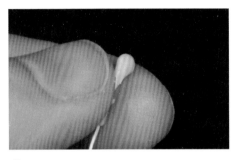

⑪ 在铁丝打钩的一端涂上胶水，将黏土球固定到铁丝上，并捏紧黏土底部。

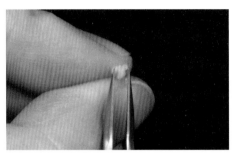

⑫ 用镊子夹小球的侧面，把小圆球分成三份。

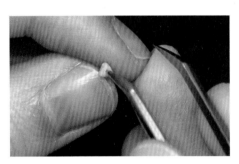

⑬ 在顶部戳一个洞。

⑭ 将打蜡尼龙线剪成约0.5cm的小段，一共需要7段。

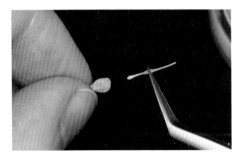

⑮ 将第一段打蜡尼龙线底部涂上胶水，竖直插在刚刚戳洞的位置，作为雌蕊。

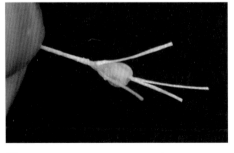

⑯ 在黏土球侧面按三等分的距离粘贴3根线。

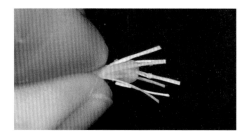

⓱ 再在上面3根线的中间粘贴剩下的3根线。最后修剪线的长度，让6根雄蕊基本齐平，中间的雌蕊要高出一点点。

⓲ 将UV磨砂胶加少许黄色色粉（250.5）混合均匀。

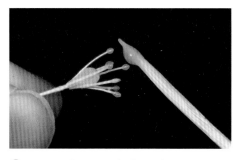

⓳ 用牙签将染成黄色的UV磨砂胶点在花丝和花柱顶部。

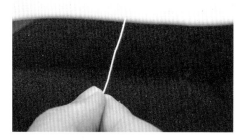

⓴ 将花蕊放到UV胶固化灯下照30秒左右，使上面的胶固化，摸起来不黏手。

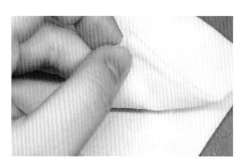

㉑ 将超薄通草片根据1号花瓣的纸样裁剪出花片后润湿。

㉒ 在软海绵垫上用最小号丸棒在每片小花瓣上按压做凹形。

㉓ 之后在花片中间向下按压做凹形。

㉔ 在花蕊底部涂抹胶水，将花蕊从花片中间穿过。

㉕ 用指尖捏紧花头底部，可以多换几个角度，转圈捏紧。

㉖ 一只手捏紧底部，另一只手慢慢调整，摊开上方的花瓣。

㉗ 最后轻轻捏尖每一片花瓣的顶部。

㉘ 用浅绿色色粉（680.3）轻扫花蕊底部和花瓣顶部。用同样的方法制作两支完全打开的花。

㉙ 取一小团米粒大小的绿色黏土，搓成水滴状。

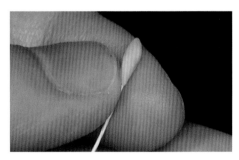

㉚ 将水滴状黏土的尖头朝下固定在打好小弯钩的30号铁丝上。

㉛ 用超薄通草片根据2号花瓣的纸样裁剪出3片花瓣，稍稍润湿后用最小号丸棒在软海绵垫上做凹形。

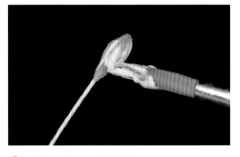

㉜ 在黏土花心上涂抹胶水。

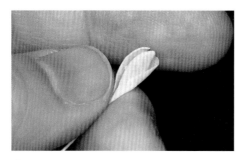

33 将三片花瓣依次粘贴包裹住黏土，制成花苞。

34 用浅绿色色粉（680.3）从花苞顶部向下晕染渐变。

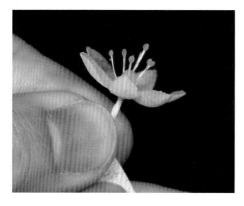

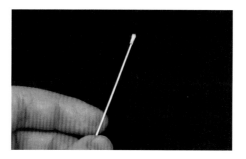

35 将花苞和盛开的花缠上约10mm的白色纸胶带。

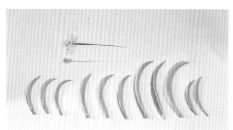

36 准备好五片1号叶片、三片2号叶片、三片3号叶片、一朵盛开的花、一朵花苞后，就可以开始组装吊兰。

37 将24号铁丝顶端打小弯钩。

38 在1号叶片底部涂抹胶水。将铁丝粘贴在叶片底部，用手捏住叶片等待胶水定型，避免铁丝露出来。

39 将另外两片1号叶片也依次按如图所示的三角位置贴好。

④⓪ 将三片2号叶片插缝粘贴,位置不用太规律,稍微有些变化会更自然。

④① 将三片3号叶片继续插缝粘贴,位置不用太规律。

④② 将最后两片1号叶片随意粘贴在最外层。

④③ 将花苞和盛开的花的茎瓣弯后与叶子组装在一起。

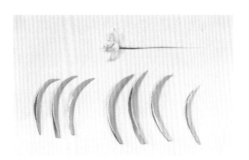

④④ 准备好四片1号叶片,三片2号叶片以及一支盛开的花,组装比较小的吊兰叶片。

④⑤ 与前面的步骤相同,先粘贴前三片1号叶片,再插缝粘贴三片2号叶片。

④⑥ 最后一片1号叶片随意粘贴。

④⑦ 最后组装上盛开的花。

48 将大吊兰叶片下方的铁丝掰成90度弯曲。

49 将小吊兰下方的铁丝掰到与叶片几乎平行。

50 将一大一小两支吊兰组装好,最后调整一下弧度。吊兰就制作完成啦。

围裙水仙

石蒜科 水仙属
Narcissus bulbocodium

工具材料

厚通草纸，超薄通草纸，22号铁丝，6mm白/绿色纸胶带，树脂黏土，纸巾

油画颜料：锌白色，浅镉黄色，沙普绿

色粉：浅黄色色粉（250.8），深黄色色粉（250.5），深绿色色粉（660.3），浅棕色色粉（280.1）

实物大小的纸样

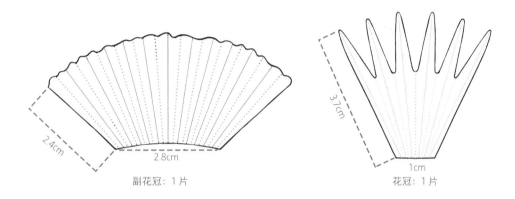

副花冠：1片

花冠：1片

制作步骤

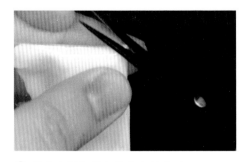

❶ 将白色树脂黏土装在自封袋里。

❷ 在自封袋的一角剪小口，挤出直径约0.1cm，长约5cm的长条。

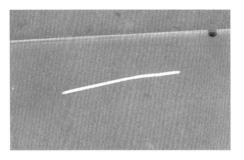

❸ 在海绵垫上用压泥板将黏土长条搓均匀。

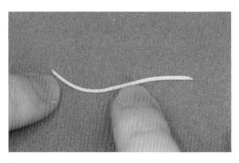

❹ 用手指推出如图所示的弧度后，放置晾干。

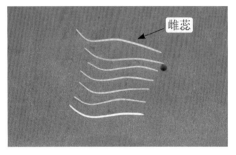

雌蕊

❺ 一共需要1根雌蕊的花柱、6根雄蕊的花丝，其中花柱需要比花丝长一些。

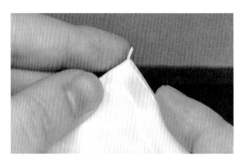

❻ 挤出约0.3cm长的树脂黏土。

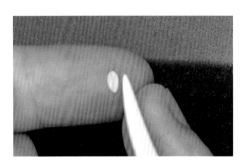

❼ 搓成两头尖的米粒状，稍微压扁后在中间压出一道竖纹。

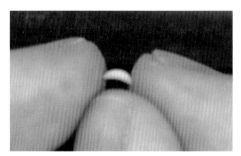

❽ 用手轻轻推出花药的弧度。

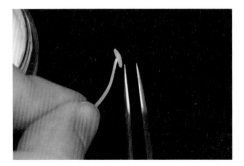

❾ 花药稍微干燥后，将其用胶水贴在花丝上，做出雄蕊，用同样的方法做6根雄蕊。

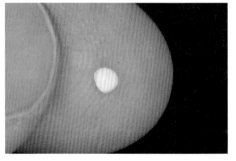

❿ 取一小团黏土搓圆后微微压扁，直径约0.15cm。

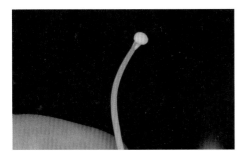

⓫ 将小圆片贴在花柱顶端，雌蕊就做好了。

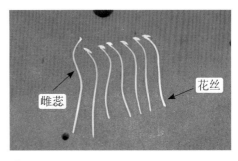

⓬ 用浅黄色色粉（250.8）刷雄蕊的花丝部分和整根雌蕊。

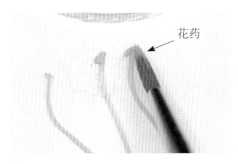

花药

⓭ 用深黄色色粉（250.5）刷雄蕊的花药部分。

⓮ 把胶水涂抹在底部，将花蕊粘贴到一起，注意花蕊弧度朝一个方向。

⓯ 准备一根长约15cm的22号铁丝，用白色胶带固定好。

⓰ 最后在底部刷上少许黄色进行过渡。

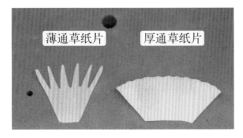

薄通草纸片　厚通草纸片

⓱ 用浅镉黄色染通草纸片，需要一片厚通草纸片和一片薄通草纸片，干透后按照纸样剪出花冠和副花冠的展开形状。

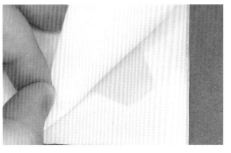

⓲ 将花冠的花片润湿后开始塑形。

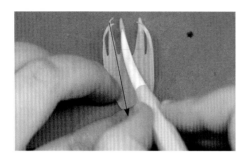

⑲ 从花冠的每个分叉的顶部向下拉直线。

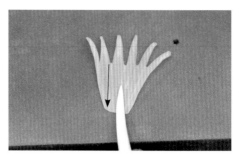

⑳ 翻面后从分叉口的顶部向下拉直线。

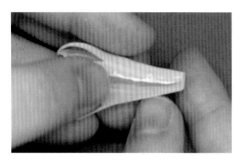

㉑ 将通草片卷起来，接口处涂抹胶水。

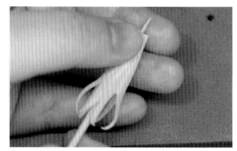

㉒ 用竹签压一下交界处辅助粘贴。

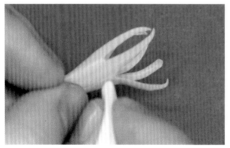

㉓ 用湿纸巾微微沾湿分叉口后向后瓣平展开。花冠就完成了。

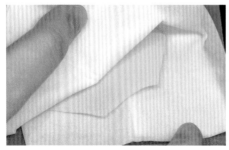

㉔ 将副花冠的花片润湿后开始塑形。

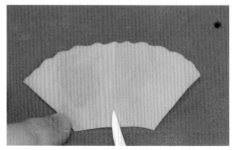

㉕ 按如图方向从上向下拉竖线，间隔约0.2cm。

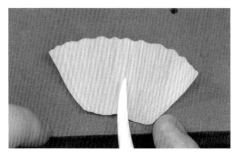

㉖ 翻面后在上方拉好的竖线的中间空格处拉竖线。

㉗ 在接口处涂抹胶水，之后卷起来。

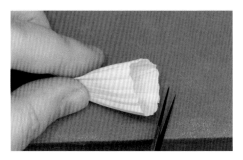
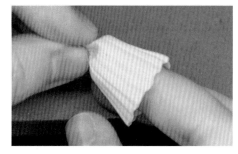

㉘ 修剪一下粘贴处，让其衔接得更自然。

㉙ 手指微微蘸水将底部捏紧，上方留下来的部分约2cm长。副花冠就完成了。

㉚ 涂抹胶水后将副花冠粘贴到花冠内侧。

㉛ 用竹签拓宽底部的孔，让花冠和副花冠的底部贴合得更服帖。

㉜ 用少许浅镉黄＋沙普绿调出一个绿色，用较小的笔刷在花被裂片背面沿着尖头顶部向底端拉直线。

33 在副花冠内部的底端也晕染一些绿色。

34 将花蕊底部刷上胶水，之后将其与花冠和副花冠组装到一起。

35 用绿色的胶带缠绕花茎，多缠绕几圈。

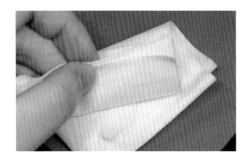

36 用超薄通草片制作膜质的总苞片。剪长约2.5cm的佛焰苞状的通草片，润湿备用。

37 从顶部向底部拉竖线，做出纹理。

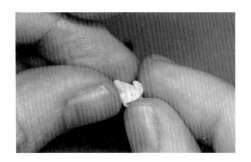

38 将总苞片揉成一团后展开。

39 将展开的总苞片粘贴在花茎距花头约
1.5cm处。

40 用浅棕色色粉（280.1）给总苞片上色。

41 在花茎上涂抹胶水，缠上纸巾加粗花茎，
之后缠上绿色纸胶带。

42 将花茎向总苞片的另一侧弯折约90度，
调整花茎的弧度。

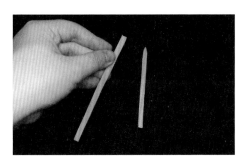

43 下面开始制作叶片。将绿色的通草纸裁
成宽约0.5cm、长度不等的长条。

44 将长条的顶部修尖。

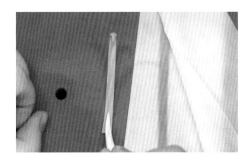

45 润湿后，将浅色面朝上，沿长条的中间
拉一条直线。

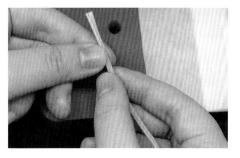

46 将长条沿着中线微微对折。

❹❼ 将尖的一端向后弯曲，做出弧度。

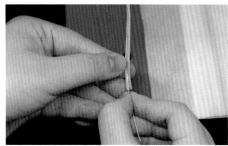

❹❽ 准备5cm左右的28号铁丝，用胶水粘在底部约2cm处。

❹❾ 用深绿色色粉（660.3）从叶子顶部向下刷出渐变色，底部留白。一片叶片就做好了。

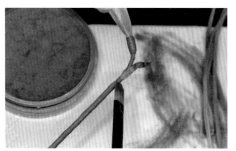

❺⓿ 将花茎与总苞片的交界处也用绿色色粉稍加过渡。

❺❶ 将多片叶片在花茎左右组装好，用绿色纸胶带固定。

❺❷ 后剪掉多余的铁丝即可。围裙水仙就制作完成了。

工具材料

厚通草纸，30 号铁丝，22 号铁丝，12mm 绿色 / 白色纸胶带，树脂黏土，纸巾

油画颜料：锌白色，永固鲜红，朱砂色，铬黄色

色粉: 棕红色色粉（280.1），黄色色粉（250.5），绿色色粉（660.3），棕色色粉（280.1）

实物大小的纸样

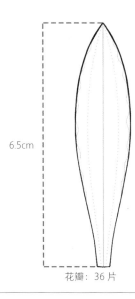

6.5cm

花瓣: 36 片

制作步骤

❶ 将通草纸根据纸样裁剪出花瓣形状，稍微润湿后在边缘修剪出不均匀的小波浪。

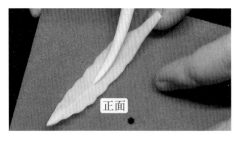

正面

❷ 润湿后在硬海绵垫上使用鸭嘴棒的尖头端从花瓣中轴线顶部拉一条直线到底部，这一面是花瓣的正面。

背面

❸ 将花瓣翻面，从中轴线顶端出发，沿着花瓣左右两侧的弧度拉出两条到底的弧线。

正面

❹ 将花瓣翻回正面，用最小号丸棒沿着花瓣边缘每隔0.1～0.2cm的距离向下按压出一个小波浪。

背面

❺ 将花瓣翻到背面，用丸棒沿着波浪凹下去的痕迹向下按压边缘，让波浪起伏更大。

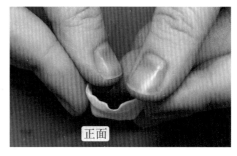

正面

❻ 稍稍润湿手指，用手指辅助花瓣向后卷起。注意不要按平两侧波浪弧度。

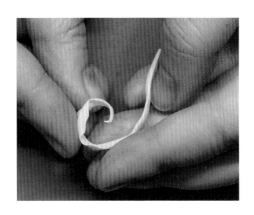

❼ 顶部外翻弧度可以大一些。稍微等待水分干燥，花瓣完全定型后再制作接下来的花瓣。重复以上步骤，一共需要36片花瓣。

❽ 将无味稀释剂加入油画颜料（永固鲜红＋朱砂色＋少许铬黄色）调出一份深红色。再在锌白色中加入少量调好的深红色，调出一份浅红色。

⑨ 用浅红色涂抹所有花瓣的背面。

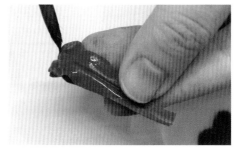

⑩ 背面稍稍晾干后，用深红色涂抹所有花瓣的正面。

⑪ 上色完成后，放置在一旁彻底晾干。

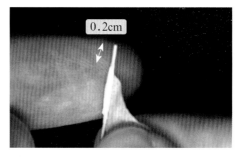

⑫ 准备6根约12cm的30号铁丝做雌蕊，留出约0.2cm的铁丝头后向下缠绕白色纸胶带。

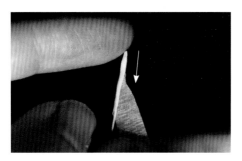

⑬ 用1根约13cm的铁丝做雌蕊，用白色胶带从顶部开始向下缠绕。

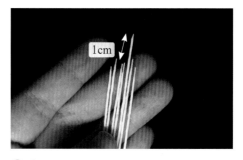

⑭ 每一个花头需要1根雌蕊、6根雄蕊。雌蕊组装时需要比雄蕊高出约1cm。

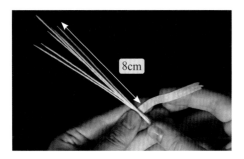

⑮ 将雄蕊留出约8cm的长度，用纸胶带绑在一起。

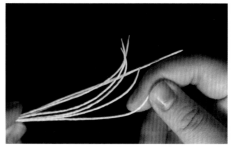

⑯ 将雄蕊的铁丝顶端掰出如图所示的弧度。弧度尽量圆滑，避免折角，不必完全一致。

⑰ 将花蕊底端朝着顶端弧度相反的方向微微后弯。

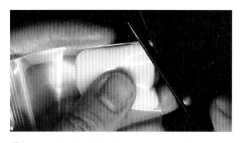

⑱ 在白色树脂黏土中，加入铬黄色调成淡黄色。将调好的黏土装入自封袋中，用剪刀在自封袋顶端剪出直径约0.1cm的小口。

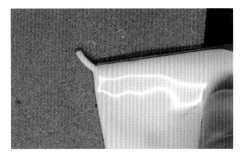

⑲ 挤出长度约0.4cm的黏土条。

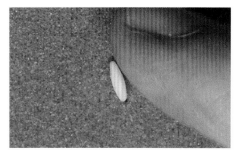

⑳ 用手指分别将两头搓尖，使其呈米粒状。

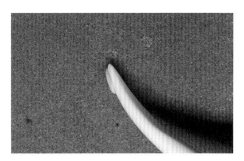

㉑ 用鸭嘴棒的尖头在"米粒"中间压一条凹槽。

㉒ 用同样的方法制作出6颗花药。

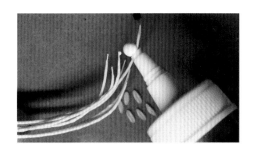

㉓ 在雄蕊顶部铁丝的部分涂抹胶水。

㉔ 将铁丝倾斜着插入黏土花药底部，此处如果铁丝留得太长可以适度修剪，避免露出未缠胶带的铁丝部分。

㉕ 雄蕊都贴上花药后,将制作好的花蕊放置在一旁晾干。

㉖ 用染花瓣的深红色涂抹白色纸胶带的部分。

㉗ 使用棕红色色粉(280.1)晕染黏土制作的花药。

㉘ 花蕊充分晾干后,用黄色色粉(250.5)晕染花蕊的底部。

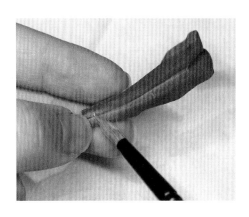

㉙ 将花瓣正反两面从底部开始向中间渐变晕染黄色,着色面积约占整片花瓣的三分之一。

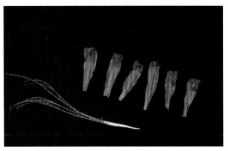

㉚ 一支小花需要准备6片花瓣,一支花蕊。

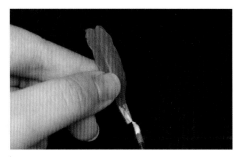

㉛ 在花瓣底部涂抹胶水。

㉜ 先将三片花瓣呈三角形粘贴。

㉝ 剩下的三片花瓣粘贴在前三片的空隙中，用手捏紧底部等待胶水风干定型。

㉞ 准备长约20cm的22号铁丝放置在花头底端，用于加长花茎。

㉟ 用绿色胶带从花头底部开始缠绕固定铁丝。

㊱ 将纸巾裁剪成宽度约0.5cm的长条，涂抹胶水后缠绕填充在花头底部，制作花托的部分。

㊲ 用绿色胶带在纸巾外围缠绕两遍。

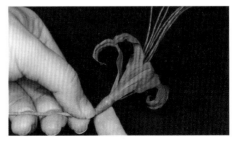

㊳ 一只手捏住花托底部，另一只手掰弯花头，调整花头的弧度。

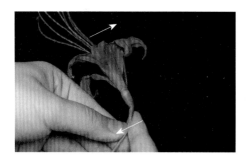

39 注意花蕊弧度的朝向是向上的。

40 用同样的方法制作6支花头。

41 先将2支花头背靠背绑在一起。

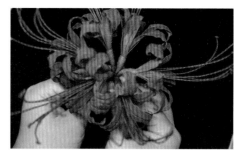

42 再陆续加入其余花头,将6支花绑在一起,围成圆圈。

43 用绿色纸胶带缠绕主枝干到底部。

44 准备两段长约4cm的白色纸胶带,将顶部剪成尖头。

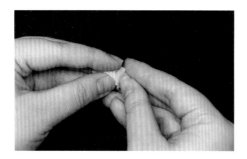

45 用手将纸胶带揉捏出皱褶后微微展开。

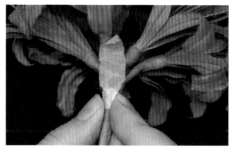

46 在纸胶带底部涂抹胶水,将其粘贴在花头交接处的下方。

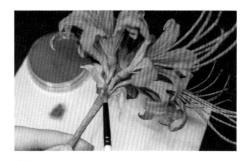

㊼ 在对面粘贴另一片纸胶带。

㊽ 用棕色色粉（280.1）晕染白色纸胶带。

㊾ 用绿色色粉（660.3）过渡各接口处。

㊿ 最后用棕红色色粉（280.1）挑选几片花瓣，稍微晕染顶部，增加花瓣的层次感和整体的立体感。彼岸花就制作完成啦。

工具材料

厚通草纸，绿色厚通草纸，30 号铁丝，树脂黏土，6mm 绿色纸胶带

油画颜料：锌白色，铬黄色

色粉：浅棕色色粉（280.1），浅绿色色粉（680.3），红棕色色粉（340.1）

实物大小的纸样

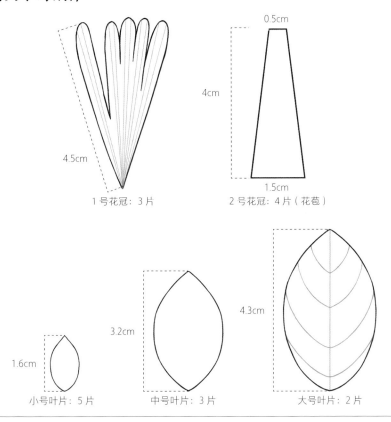

4.5cm

1号花冠：3 片

0.5cm

4cm

1.5cm

2 号花冠：4 片（花苞）

1.6cm

小号叶片：5 片

3.2cm

中号叶片：3 片

4.3cm

大号叶片：2 片

制作步骤

❶ 将白色树脂黏土放到自封袋中，在自封袋一角剪一个直径约0.1cm的小口，方便挤出细黏土条使用。

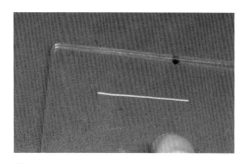

❷ 在海绵垫上挤出约5cm的黏土条，用压泥板轻轻搓均匀。

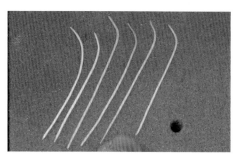

❸ 轻轻弯曲黏土条顶部，一共需要6根，晾干备用。

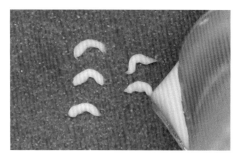

❹ 挤出5条约0.3cm长的弯曲黏土条，这是雄蕊的花药部分。

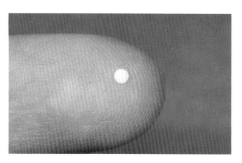

❺ 搓一个直径约0.1cm的小圆球并捏扁，这是雌蕊的柱头部分。

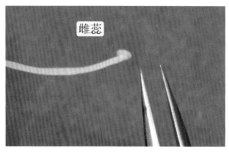

雌蕊

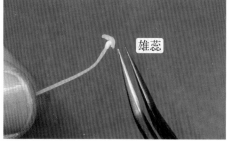

雄蕊

❻ 在5枚雄蕊的花丝顶端和1枚雌蕊的花柱顶端涂抹胶水，在上面分别粘上花药和柱头。

❼ 待5根雄蕊的花药部分干透后，用浅棕色色粉（280.1）晕染。

❽ 用浅绿色色粉（680.3）晕染雌蕊的柱头上方，下面留白。

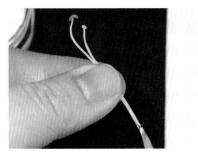

⑨ 将雌蕊和雄蕊染色后，用胶水粘贴花蕊底部，雌蕊粘贴得短一些。弯曲方向尽量保持一致。

⑩ 将粘贴好的花蕊用白色胶带固定在约10cm长的30号铁丝上。

⑪ 用通草片按照1号花冠的纸样裁切出花片。润湿花片后滚边。

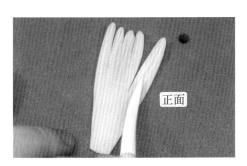

⑫ 用鸭嘴棒的尖头划出纹理。

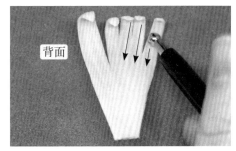

⑬ 将花片翻面，用最小号丸棒从每个小分叉的顶端向下按压做凹形。

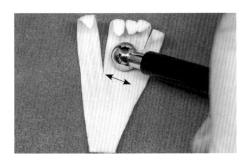

⑭ 用大一号的丸棒在四个小分叉稍微靠下的位置左右按压做凹形。

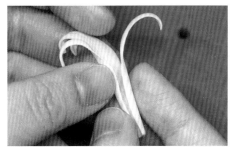

⑮ 将手指蘸水后卷起花片，注意背面朝外。

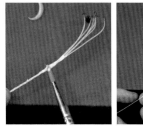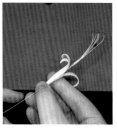

⓰ 在花蕊底部涂抹胶水，之后将花蕊从花冠中空处穿入。注意花蕊弧度朝向四个小花冠裂片的方向一致。

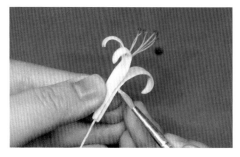

⓱ 在花冠侧面的接口处涂抹胶水封口。

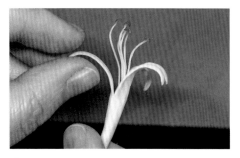

⓲ 用手指蘸一点水，调整花冠裂片的卷曲度。

⓳ 从花冠底部约0.5cm处开始向下缠绕绿色纸胶带。

⓴ 根据2号花冠的纸样剪一个底边0.5cm，顶边1.5cm，高4cm的梯形，用湿纸巾润湿。

㉑ 在海绵垫上压薄梯形的四边。

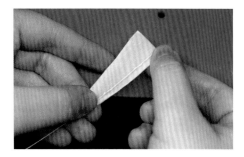

㉒ 将30号铁丝上涂上胶水，贴在梯形边缘。

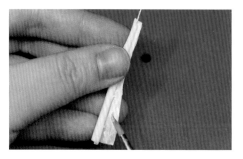

㉓ 沿着铁丝所在的边缘将梯形卷起来包裹住铁丝，在结束的地方补胶水。

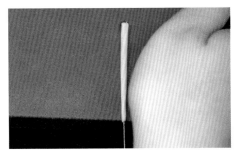

㉔ 将这个卷好的圆柱放置在海绵垫上，用手掌左右搓，收紧下方。

㉕ 用剪刀修剪出顶部的弧度，花苞的雏形就完成了。

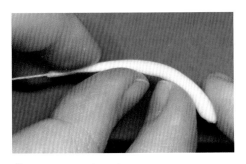

㉖ 用手稍微掰弯花苞。

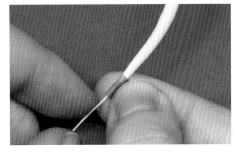

㉗ 在花苞底部缠上绿色纸胶带。

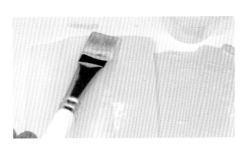

㉘ 用锌白色＋铬黄色染一片黄色通草片。待颜色干透后，用黄色通草片重复前面的步骤，制作黄色的花和花苞。

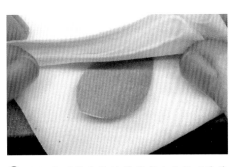

㉙ 用绿色通草片按纸样裁剪出大号叶片的形状，润湿。

㉚ 在海绵垫上压薄叶片边缘。

㉛ 将深绿色的一面朝上，用鸭嘴棒的尖头划出叶片的纹理。

㉜ 在30号铁丝上涂抹胶水，之后将其粘贴在叶片底部。

㉝ 一只手捏住叶片有铁丝的部分，另一只手的手指微微蘸水展开前面的叶片，注意不要露出铁丝。

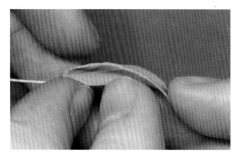

㉞ 将叶片顶部微微外翻。

㉟ 用笔刷蘸取红棕色色粉（340.1）刷一下叶子顶部的边缘。

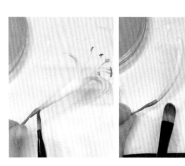

㊱ 用浅绿色色粉（680.3）从花苞和开放的花的底部开始向上晕染。

㊲ 准备好2朵开放的白色花、1朵开放的黄色花、两种颜色的花苞各2枚、5片小号叶片、4片中号叶片和2片大号叶片。

㊳ 掰弯花枝后先将花苞和盛开的花组装在一起。

㊴ 最后加上叶片。

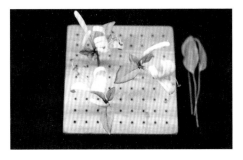

⑩ 先组装成随机小组，再将每一组花头掰弯以便组装。

⑫ 最后调整花的姿态。金银花就制作完成啦。

⑪ 每组装一组花枝，可以穿插着加上些许叶片，直至组装完毕。

水晶花烛
天南星科 花烛属
Anthurium crystallinum

工具材料

厚通草纸，22 号铁丝，纸巾，12mm 绿色纸胶带

油画颜料：锌白色，深铜绿，沙普绿，熟褐，普蓝

实物大小的纸样

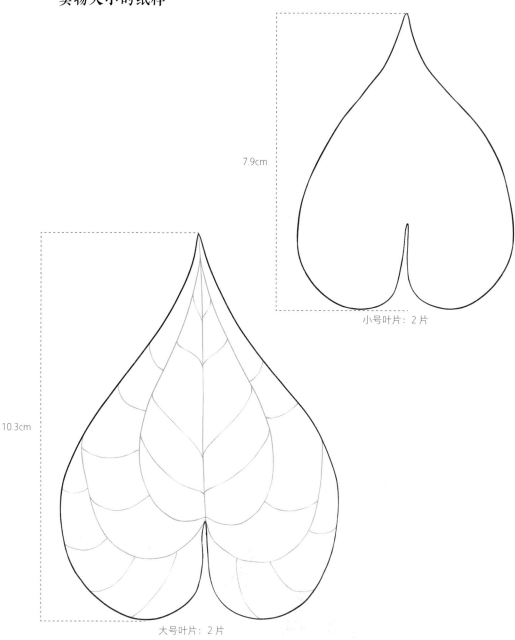

7.9cm

小号叶片：2 片

10.3cm

大号叶片：2 片

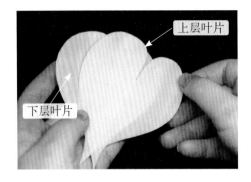

上层叶片

下层叶片

❶ 按照纸样裁剪出2片大号叶片。纸样左右并不完全对称，需要分清上下层叶片，确保叶片能重叠。

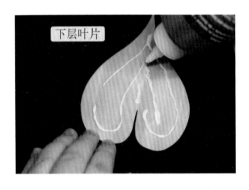

下层叶片

❷ 在下层叶片表面涂上适量胶水。

❸ 准备约15cm长的22号铁丝。用铁丝均匀地把叶片上的胶水涂抹开。注意胶水不要涂抹得太多，薄薄一层即可，可少量多次地添加、涂抹。

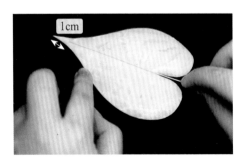

1cm

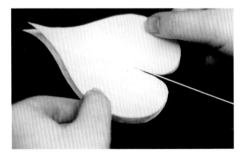

❹ 将铁丝放置在叶片中间，粘贴上另一片叶片，铁丝离叶尖约1cm。此时由于下层叶片涂抹了胶水，会稍有变形，两片叶片无法完全重叠，只需要尽量对齐叶片底部的中间部分即可。

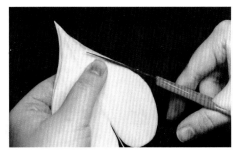

⑤ 修剪叶片边缘多出来的没有重叠的部分。

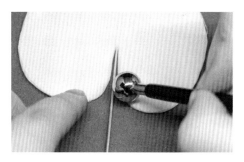

⑥ 用丸棒轻轻压薄叶片边缘。此时胶水还未干，太过用力可能会导致叶片大面积变形。

⑦ 压薄边缘后，用剪刀继续修整多出来的部分。

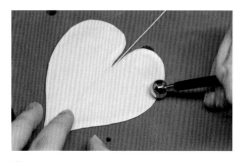

⑧ 再继续滚薄边缘，直到叶片边缘融合得十分自然。

⑨ 用湿纸巾稍微润湿叶片，为了避免叶片变形，润湿时间不宜过长。

⑩ 在海绵垫上用鸭嘴棒的尖头画出叶片的主要纹理。

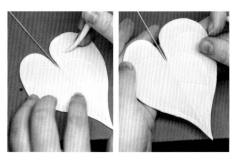

⑪ 最后添加一些细节纹理即可。这是叶片的正面。

⑫ 用丸棒在叶片背面的底部微微压出凹槽。

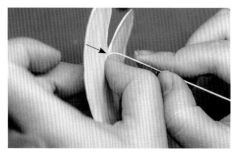

⑬ 沾湿手指后微微扭曲叶片底端做出造型。

⑭ 一只手按住铁丝与通草片的交叉处，另一只手将铁丝掰到垂直于叶片。

⑮ 将稀释剂加入油画颜料（深铜绿＋少许沙普绿＋少许熟褐＋少许普蓝）调出一个比较浓的深绿色，涂满叶片正面。

⑯ 用大量锌白色＋少许沙普绿调出一个淡绿色，涂满叶片背面。

⑰ 待正反两面的颜料底色基本干了以后，开始画纹理。在背面的淡绿色中加入少许沙普绿调出比背面颜色深一些的浅绿色，用细勾线笔画出比较粗的主要纹理。

⑱ 再添加一些小分支，这里绘制的线条需要比主要纹理的部分细一些。

⑲ 加入一些稀释剂让颜色更薄，用更细的线条画出更细小的分支。

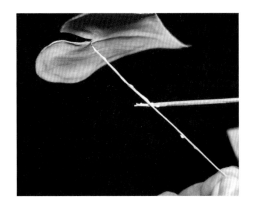

⑳ 待叶片颜料完全干透后，在茎上涂抹胶水。

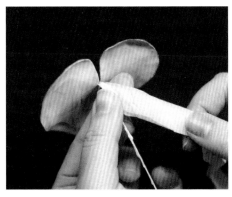

㉑ 将纸巾裁剪成约1.5cm宽的长条，缠绕在铁丝上。每缠绕一层就需要在上一层涂抹一遍胶水。

㉒ 大概需要缠绕2～3圈纸巾，直到将茎缠绕至合适的粗细。用绿色纸胶带缠绕在外面，需要缠绕两次。

㉓ 用同样的方法再做一片小号的叶片。花烛就完成啦。

工具材料

厚通草纸，绿色厚通草纸，22 号铁丝，30 号铁丝，12mm 绿色纸胶带，超轻黏土

油画颜料：锌白色，拿坡里黄，铬黄色，沙普绿，氧化铬绿

色粉：浅黄色色粉（250.8），淡绿色色粉（680.3），深绿色色粉（660.3）

实物大小的纸样

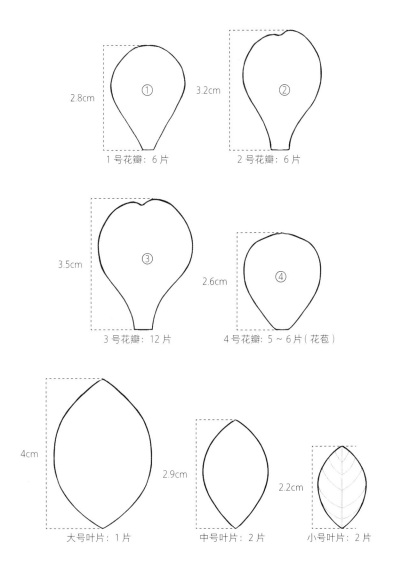

2.8cm
① 1 号花瓣：6 片

3.2cm
② 2 号花瓣：6 片

3.5cm
③ 3 号花瓣：12 片

2.6cm
④ 4 号花瓣：5 ~ 6 片（花苞）

4cm
大号叶片：1 片

2.9cm
中号叶片：2 片

2.2cm
小号叶片：2 片

制作步骤

❶ 准备约15cm长的22号铁丝，顶部打钩备用。

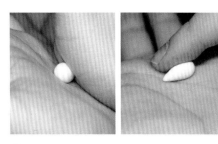

❷ 将白色超轻黏土充分揉捏后搓成圆球，之后将圆球搓长，将一端搓尖。做成底部直径约0.5cm、长约1.5cm的水滴形。

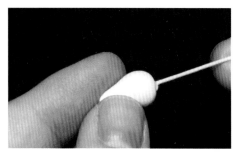

❸ 用铁丝打钩的一端蘸取胶水，从水滴底部穿入约二分之一的位置。

❹ 将黏土底部捏紧，掐掉多余的部分。

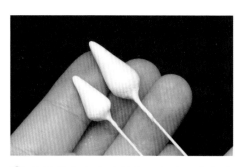

❺ 用同样的方法再制作一根底部直径约1cm、长约2cm的水滴形花心。

❻ 根据纸样裁剪出1号花瓣（花冠裂片），6片一组，需要2组，共12片。

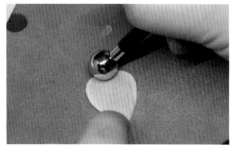

❼ 将裁剪好的花瓣润湿后开始造型。先用丸棒将边沿滚薄。

❽ 在花瓣顶部顺着弧形左右来回滑动按压，做出花瓣弧度。

❾ 倾斜鸭嘴棒，用勺形端的边缘按压花瓣顶部左侧边缘，做出微微内卷的弧度。

❿ 将花瓣翻面，在另一侧的顶部边缘也按压出微微的弧度。

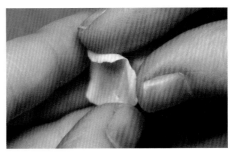

⓫ 用手整理花瓣弧度，让花瓣内卷幅度更大。

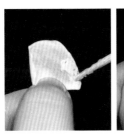

⓬ 在花瓣右侧下端涂胶水，三片为一组，按如图所示的方法粘贴。注意不要完全重叠，可以不规则地错开，顶部高度尽量保持一致。

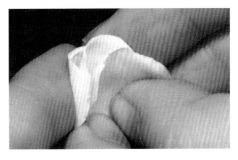

⓭ 最后再整体整理一下弧度，让它整体更内扣。用同样的方法再做1组备用。

⓮ 在花瓣组左侧底部涂抹胶水。

⓯ 拿出比较小的花心，将花瓣组粘贴在花心上。将花瓣左侧裹住花心，右侧打开。

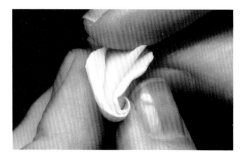

16 整理花瓣组顶部的卷曲度，让左侧花瓣包裹住花心。

17 在另一组花瓣最下方涂抹胶水，穿插到上一组花瓣还未闭合的一端中。

18 调整花瓣开合度，尤其是中间的部分不能露出花心。

19 用与步骤6～11同样的方法制作出6片2号花瓣（花冠裂片）。

20 将2号花瓣随机穿插贴在刚刚贴好的花瓣中。

21 可以先找到要粘贴的位置后，再从底部涂抹胶水固定。

22 将所有花瓣贴圆即可。

23 在贴好的花瓣底部刷上浅黄色色粉（250.8）备用。

㉔ 根据纸样裁剪出3号花瓣（花冠裂片），润湿后滚薄边缘。

㉕ 将花瓣顶部用丸棒按压出些许弧度。

㉖ 将花瓣顶部的两边用竹签向外卷。

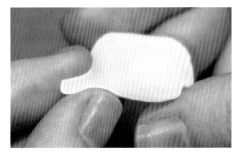

㉗ 将花瓣翻过来，微微捏紧底部。

㉘ 以同样的方法制作出12片3号花瓣。

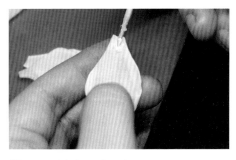

㉙ 在花瓣底部涂抹胶水。

㉚ 将涂好胶水的花瓣粘贴在外面，注意花瓣顶部的高度不要超过已经贴好的花瓣的顶部。

㉛ 将另外两片花瓣以三角形粘贴在外圈。

㉜ 在贴好的三片花瓣的缝隙处再粘上三片花瓣，贴圆一圈。

㉝ 将下一层的6片花瓣依次粘贴在前两层花瓣的缝隙处，直至贴圆整朵花。

㉞ 裁剪一片长2.5cm、宽2cm的长方形通草片，轻微润湿后滚薄长边的两条边缘。

㉟ 将整片通草片涂满胶水，之后将其长边包裹在枝干上。注意用力均匀，局部太用力会让通草片变形。

㊱ 趁胶水还未干透，用鸭嘴棒的尖头拉出一些竖纹。

㊲ 将圆柱底部捏尖一些，花冠筒制作完成。

㊳ 在花冠筒底部和花瓣底部刷上淡黄色色粉（250.8）。

㊴ 将淡绿色色粉（680.3）刷在同样的位置，面积需要比淡黄色色粉更小。

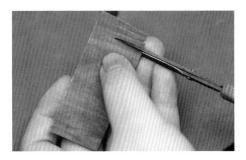

40 准备一张宽 2.5cm 的长方形绿色通草纸，剪 6 个宽约 0.2cm、长约 2cm 的尖角。

41 润湿后滚薄边缘和每根分叉。

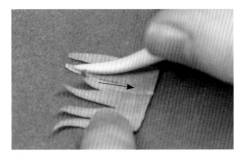

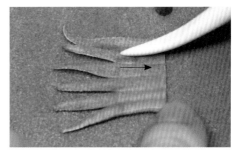

42 将浅色的一面朝上，用鸭嘴棒的尖头从分叉的顶部向下拉一条到底部的直线。

43 将通草片翻面，从交叉口处向下拉出短直线。

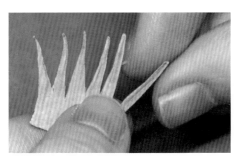

44 手指上蘸少量水，沿着划过的折叠线按压加深皱褶。

45 将浅色的一面朝外微微卷曲，花萼制作完成。

46 在花冠筒底部涂抹胶水，将花萼粘贴在花冠筒底部。

47 最后在花茎上缠上绿色纸胶带，开始缠绕的位置可以稍微靠上，包裹住一点花萼底部。

48 用锌白色 + 拿坡里黄 + 少量铬黄色调出一个浅黄色，涂花心部分。

49 加入更多的锌白色调出一个更浅的淡黄色，刷外围的花瓣。

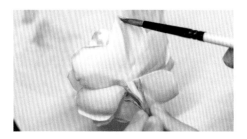

50 将沙普绿加入上一步调的淡黄色中，调出一个浅绿色，挑选最后两层的一两片花瓣，在花瓣背面从顶部向下拉一条浅绿色直线。

51 在这两片花瓣的正面拉一条稍短的绿线。

52 用淡黄色过渡一下绿色边缘。

53 用深绿色色粉（660.3）晕染花萼的顶部和底部。

54 根据纸样裁剪出4号花瓣（花冠裂片），润湿后滚薄边缘。

55 在花瓣顶部左右滚动按压，做出凹形，制作5～6片花瓣。

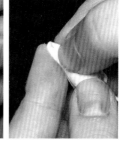

❺❻ 在花瓣中间部分涂胶水，粘贴在比较大的花心上。注意花瓣顶部高度要高出花心顶部。

❺❼ 手指微微蘸水，调整花瓣弧度，使其能更好地贴合花心的弧度。

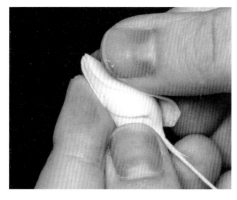

❺❽ 在第二片花瓣中间涂胶水，盖在前一片花瓣上，注意不要完全覆盖住前一片花瓣。依次粘贴好剩余的花瓣，留出最后一片。

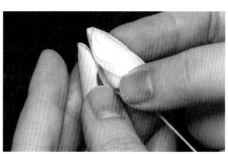

❺❾ 将最后一片花瓣穿插进前面的花瓣中间。

❻⓿ 确定好位置后再涂抹胶水，粘贴固定。

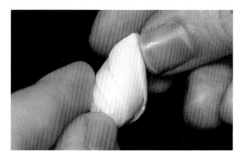

❻❶ 最后旋转整理所有花瓣的顶部弧度，收紧顶部交叉口。

❻❷ 按步骤34 ~ 47的方法制作花苞的花冠筒和花萼部分。

63 用与步骤49相同的淡黄色刷满整个花苞。

64 再用步骤48的浅黄色沿着每片花瓣边缘向里晕染，面积小一些。

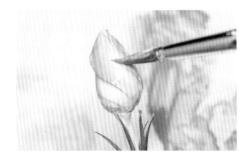

65 用步骤50的浅绿色继续晕染，面积需要更小一些。

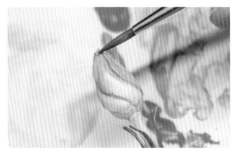

66 用浅绿色＋少量氧化铬绿调出一个深绿色，从花瓣顶部沿着边缘向下晕染。

67 用深绿色色粉（660.3）晕染花萼顶部和底部。

68 根据纸样裁剪出大号叶片后润湿，用丸棒滚薄边缘。

69 鸭嘴棒的尖端划出叶片纹路。

70 准备5cm的30号铁丝，涂约1cm的胶水，粘在叶片中轴线底端。

71 用手捏住有铁丝的部分，展开上端的叶片。

72 手指微微蘸水，调整一下叶片弧度。

73 用同样的方法做出三个型号的叶片，最大号一片，其余型号各两片。叶片数量也可以随意搭配。

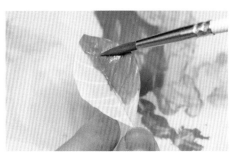

74 用步骤66调出的深绿色刷叶片正面。

75 用步骤50的浅绿色刷叶片背面。

76 待颜料完全干透后，用深绿色色粉（660.3）从顶部向下渐变晕染。将5片叶片用同样的方式上色。

⑰ 将小叶片放在上方，大叶片放在下方，组装好所有叶片。

⑱ 准备好叶子和花之后开始组装。

⑲ 依次添加花苞和叶片，把它们组装起来，栀子花就完成啦。

工具材料

厚通草纸，绿色厚通草纸，30 号铁丝，树脂黏土，6mm 绿色纸胶带，超细勾线笔

油画颜料：锌白色，浅镉黄色，熟褐色，镉红色

色粉：红棕色色粉（340.1），浅绿色色粉（680.3），深绿色色粉（660.3）

实物大小的纸样

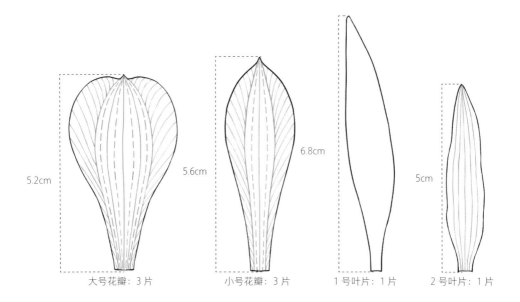

5.2cm

5.6cm

6.8cm

5cm

大号花瓣：3 片   小号花瓣：3 片   1 号叶片：1 片   2 号叶片：1 片

制作步骤

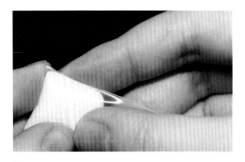

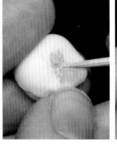

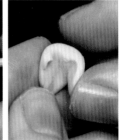

❶ 取少许白色树脂黏土放在自封袋一角。

❷ 在白色树脂黏土加入少许浅镉黄色调成浅黄色。

❸ 将浅黄色黏土放入自封袋另一角。

❹ 将白色黏土那端的自封袋剪开一个约0.1cm的小口。

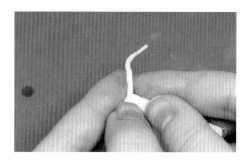

❺ 挤出3cm白色黏土长条。

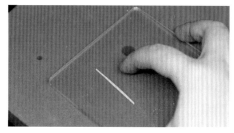

❻ 用压泥板将黏土搓长。滚动时先将压泥板平行于垫板，将黏土搓均匀，再将压泥板向前倾，搓出顶部较细的长条，长度约4.5cm。

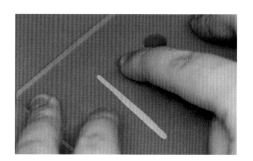

❼ 最后压扁黏土长条。

❽ 准备10cm长的30号铁丝，涂抹胶水。

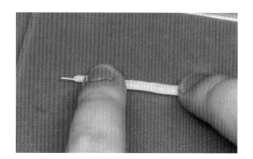

❾ 将铁丝贴在黏土条中间，铁丝的部分需要比黏土长约0.3cm。

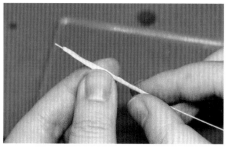

❿ 将黏土对折后，把铁丝包裹在黏土中间。

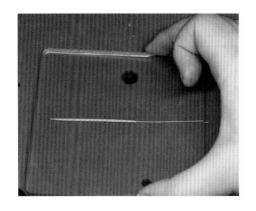

⓫ 继续用压泥板将黏土搓光滑，注意操作时尽量迅速，不要让黏土暴露在空气中太久。搓的时候板子依然要向前方倾斜，让黏土条的顶端较细。最后搓好的成品即为长约5cm、直径约0.1cm的花丝。

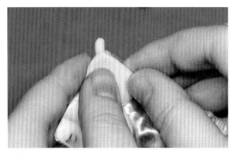

⓬ 将黄色黏土端的自封袋剪开一个较宽的口子，宽约0.3cm，挤出0.4cm长的黄色黏土。

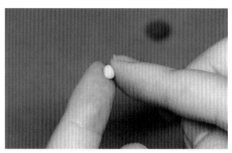

⓭ 将黄色黏土搓圆后，再微微搓长。

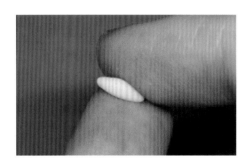

⓮ 再将两头搓尖。

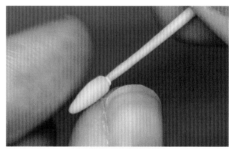

⓯ 用包好白色黏土的铁丝顶部蘸取胶水，之后穿入黄色黏土的一端。

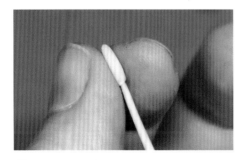

⓰ 微微捏扁黄色黏土部分，侧面留约0.1cm的厚度。

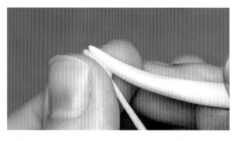

⓱ 两根手指维持住捏扁的位置以免变形，同时用鸭嘴棒的尖头在黏土侧面的中间压出一条直线。用同样的方法在另一面也压出一条直线。

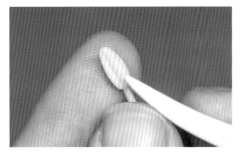

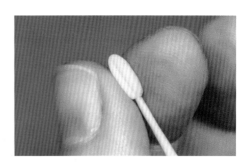

18 原本用手捏住的两面也从中间各压一条直线纹理，四面都需要压出竖纹。

19 最后整理一下黏土的形态，让花药更细长，侧面保持比较窄的状态。

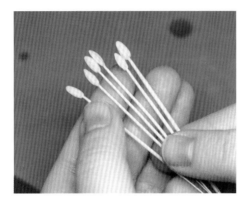

20 做好的花药长约0.8cm，宽约0.3cm，厚度约0.1cm。用同样的方法制作6枚雄蕊，长度可以有少许变化，不用完全一致。

21 用红棕色色粉（340.1）从花药与花丝的交界处开始向两端渐变晕染，花药部分晕染到三分之一即可，其余部分留白。

22 再用浅绿色色粉（680.3）晕染花药顶部与花丝底部。6根雄蕊都用同样的方法上色。

23 待黏土花蕊干透后，将它们用绿色胶带组装在一起，长度略微不齐会更加自然。

24 用镊子调整花蕊顶部的弧度，将花丝顶部朝一个方向弯曲。

㉕ 最后将花蕊底部整体微微后翻，注意这里的弧度不要太大。

㉖ 根据花瓣的纸样裁剪出大号花瓣和小号花瓣，润湿后用丸棒压薄边缘。

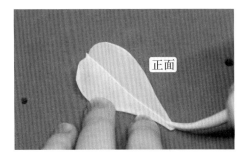

正面

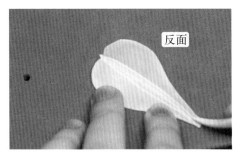

反面

㉗ 用鸭嘴棒的尖头端在大号花瓣上划出纹理。先拉一根中轴线。

㉘ 将花瓣翻面，在中轴线左右两端画弧线。

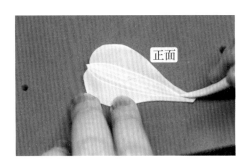

正面

㉙ 再次翻面，继续向外画弧线。

㉚ 再重复一次中间弧度后，在花瓣正面两侧空白处画弧线。具体纹样可参照大号花瓣纸样纹理图临摹。

㉛ 用鸭嘴棒的勺形头按压花瓣顶端，强调一下尖的位置。

㉜ 稍稍折叠花瓣底部。

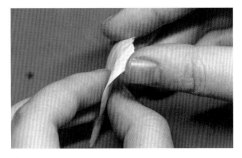

❸❸ 手指蘸一点水，将花瓣顶部两侧微微外翻。

❸❹ 再将花瓣整体外翻做出弧度。用同样的方法制作出3片大号花瓣。

❸❺ 小号花瓣的制作过程和大号花瓣相同，但是中间的竖纹更窄，且只需要5条。可参照纸样绘制。

❸❻ 划好纹理后，将小号花瓣的正面顶部捏尖。

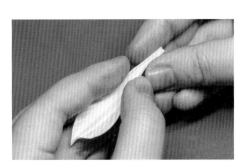

❸❼ 在底部折叠出凹槽。

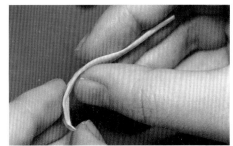

❸❽ 将顶部外翻，弧度需要更大一些。用同样的方法制作出3片小号花瓣。

❸❾ 用浅镉黄色+少量锌白色调出一个亮黄色，涂在小号花瓣的中间部分。

❹⓪ 再加入大量锌白色调出浅黄色，涂抹剩余的白色部分。

41 用熟褐色 + 少量镉红色调出一个红棕色，刷在花瓣顶上尖的部分。

42 用锌白色 + 少量红棕色调出很浅的红棕色，刷在上面的红棕色边缘，过渡一下颜色。

43 在花瓣背面刷满浅黄色。

44 在花瓣背面的顶部刷一点浅红棕色。

45 用细勾线笔蘸取红棕色在小号花瓣中间画斑点，这里稀释剂可以稍微多加一些，让颜料的流动性更佳，上色会更顺滑。

46 也可以用竹签的尖头蘸取颜料按压在花瓣上。两种上色方式均可。

47 将大号花瓣的正面涂满浅黄色。

48 在花瓣中间沿着纹理的形状画一些浅红棕色弧线。

49 用红棕色从浅红棕色部分的顶部开始晕染，再沿着纹理画四五条弧线。向下刷到约三分之二的位置停止。

50 最后用浅红棕色过渡一下颜色的交界处。

51 翻到背面，用浅黄色涂满后，再用浅红棕色在中间强调一下深色。

52 准备好各个部件，待其干透后开始组装。

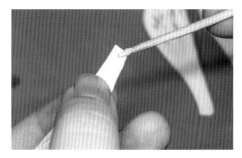

53 在小号花瓣的底部涂抹胶水，之后将其粘贴在花蕊底部。

54 用手轻轻捏住胶水处，另一只手的手指可以微微蘸水调节一下花瓣的开合度。

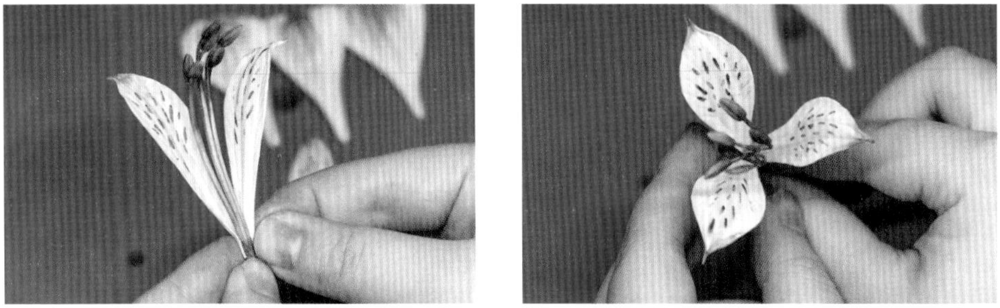

(55) 将三片小号花瓣呈三角形粘贴起来，待胶水干透后再粘贴下一层。

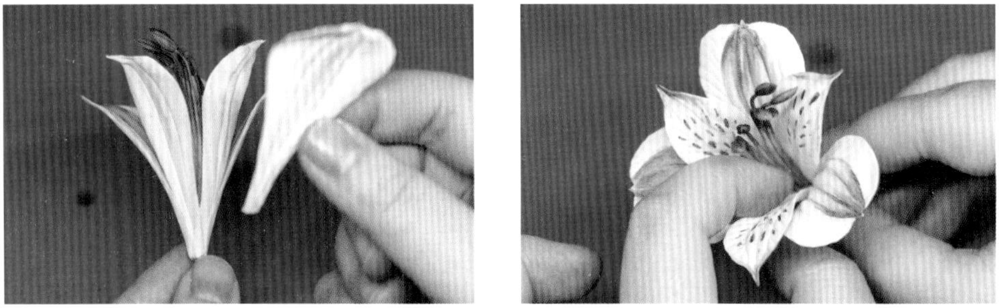

(56) 在大号花瓣底部涂抹胶水，将其一一粘贴在小号花瓣的交界处。最后整体调整一下开合度。

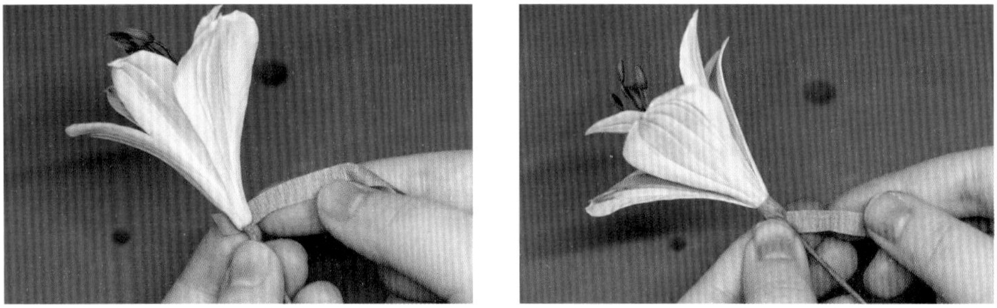

(57) 用绿色胶带从花瓣底部约0.5cm的位置开始转圈缠绕，缠5圈左右，填充底部体积，用作花萼部分。然后向下缠绕包裹铁丝。

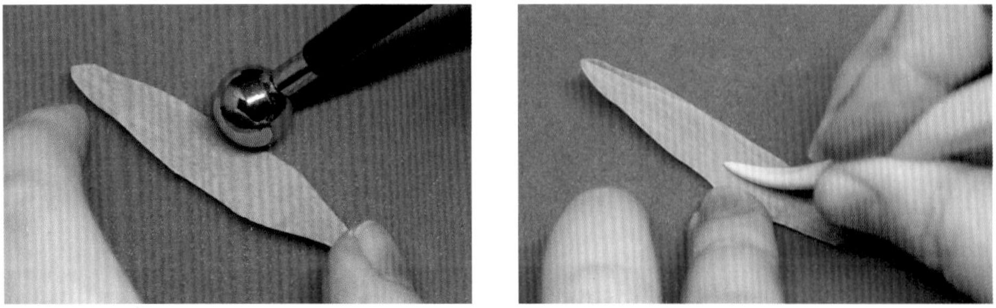

(58) 用绿色通草片按照2号叶片的纸样裁剪出叶片形状，润湿后用丸棒压薄边缘。

(59) 用鸭嘴棒的尖头在叶片上划出纹理。

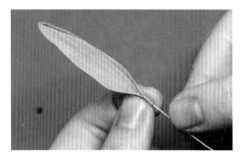

60 准备30号铁丝，用其一端蘸取胶水，粘贴在叶片底部。

61 用手指捏住底部等待胶水干燥、定型。

62 用深绿色色粉（660.3）从叶片边缘向中间晕染，增加色彩的层次。

63 用同样的方法再制作1片1号叶片。

64 将叶片与铁丝的交界处向后掰，用纸胶带将叶片和花组装在一起。

65 用铁丝剪剪掉多余的铁丝，六出花就制作完成啦。

鸢尾花

鸢尾科 鸢尾属

Iris tectorum

工具材料

厚通草纸，绿色厚通草纸，28 号铁丝，12mm 绿色纸胶带，纸巾

油画颜料：锌白色，深蓝紫，钴蓝色，铬黄色

实物大小的纸样

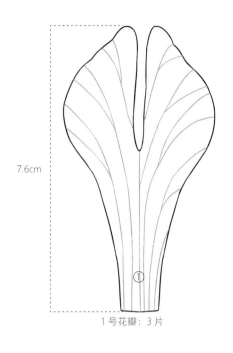

7.6cm

1 号花瓣：3 片

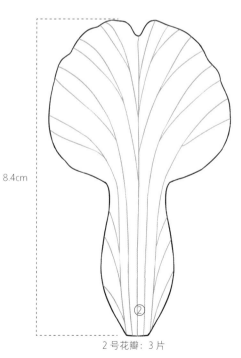

8.4cm

2 号花瓣：3 片

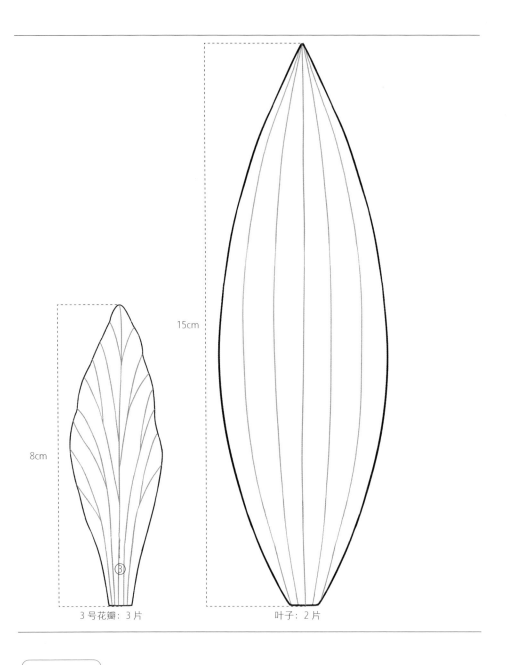

15cm

8cm

3号花瓣: 3片

叶子: 2片

❶ 根据纸样裁剪出1号花瓣，在顶部修剪出一些深浅不一的小锯齿。

❷ 将修剪好的花瓣润湿，用丸棒将花瓣顶部边缘压薄。

❸ 用鸭嘴棒的尖头划出花瓣纹理，具体纹理走向可参考纸样。

❹ 划出纹路的一面朝下，将花瓣对折，若此时花瓣比较干燥，可以喷一点水或用湿纸巾微微润湿，防止造型时通草纸干裂。

❺ 如图，两手轻轻捏住花瓣底端中间部分反复弯曲发力，做出凹形。

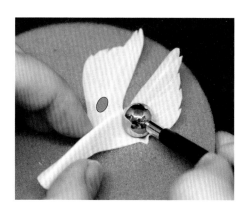

❻ 微微展开花瓣，在软海绵垫上用丸棒在花瓣分叉口底端的左右两侧向下按压做出两个较明显的凹形。

❼ 在硬海绵垫上用鸭嘴棒的勺形端的侧面在花瓣顶端竖直向下拉出一些竖纹。竖纹长度不要超过分叉处，一侧两三根即可，长短不一。

❽ 手指微微蘸水，将花瓣顶端向里卷，加深卷曲程度。用同样的方法制作出三片1号花瓣。

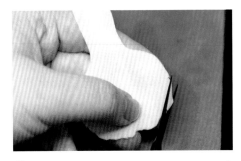

⑨ 根据纸样裁剪出2号花瓣，在花瓣顶端修剪出少量锯齿。

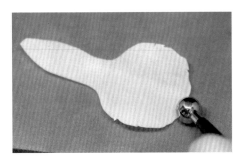

⑩ 润湿花瓣，用丸棒滚薄花瓣边缘。

⑪ 用鸭嘴棒的夹头根据纸样划出花瓣纹理。

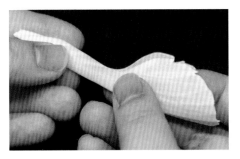

⑫ 有纹理的一面朝上，将花瓣底部细长的部分对折。

⑬ 捏住花瓣底部两端，弯曲发力，在底部中间做出凹形。

⑭ 将花瓣顶部摊开，如图，底部凹面朝下。在软海绵垫上用丸棒在花瓣顶端的左右两侧向下按压做出凹形。

⑮ 两手捏住花瓣边缘向中间推，推出一些自然的波浪状褶皱。

⑯ 最后手指微微蘸水整理花瓣的卷曲程度。

⓱ 准备约15cm的28号铁丝，在顶端约1cm处涂抹胶水，将其粘贴在2号花瓣底部，用同样的方法制作出三片2号花瓣。

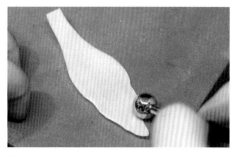

⓲ 根据纸样裁剪出3号花瓣的形状，润湿花瓣。用丸棒压薄花瓣边缘。

⓳ 划出花瓣纹理。

⓴ 将有纹理的一面朝上，沿中线对折花瓣。

㉑ 将顶端微微外翻。

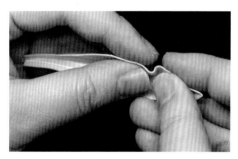

㉒ 在花瓣边缘推出少许波浪。

㉓ 再次整理花瓣弧度，使顶部微微外翻。

㉔ 准备28号铁丝，粘贴在花瓣底部约2cm处。

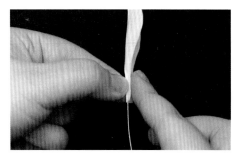

㉕ 捏住有铁丝的部分，摊开上面没有铁丝的部分。用同样的方法制作出三片3号花瓣。

㉖ 用锌白色＋深蓝紫＋钴蓝调出一个稍微深一些的蓝紫色，在1号花瓣底部晕染。

㉗ 用锌白色＋钴蓝调出较浅的蓝色晕染花瓣顶部。再加入一些锌白色，调出更浅的蓝色，在花瓣背面填涂。

㉘ 用锌白色颜料在2号花瓣上打底。

㉙ 用铬黄色在花瓣中线三分之二的位置填涂。

㉚ 最后用锌白色＋钴蓝调出浅蓝色，用笔刷从花瓣边缘向里晕染。

㉛ 重点强调一下最外圈的重色。背面用浅蓝色填涂。

㉜ 用钴蓝＋深紫蓝调出一个较深的蓝紫色，涂抹3号花瓣的中间部分，边缘少许留白。

㉝ 在调好的蓝紫色中加入少许锌白色将留白处填涂好。在背面加入更多的锌白色调出更浅的蓝色填涂。

㉞ 待颜色干透后，在1号花瓣中间和底部涂抹胶水，将其与2号花瓣组装在一起。

㉟ 用手指按压住粘贴处一会儿，等待胶水干透。

㊱ 用同样的方法将其余两组花瓣组装好。

㊲ 组装前先掐住铁丝与花瓣交接处向后推，使花瓣呈现自然的角度。

38 先将3号花瓣三等分，用纸胶带固定好。

39 再插空加入组合好的三组1号、2号花瓣，用纸胶带固定。

40 把纸巾剪成长条，在杆子上涂抹胶水后，把纸巾缠绕在杆子上。

41 重复缠绕三层纸巾后，达到合适的粗度，最后缠两层绿色纸胶带。

42 用绿色通草片根据纸样裁剪出叶子的形状。

43 将深色的一面朝上，压薄边缘，划出叶片纹理。

44 将叶片边缘卷起，再整体向中间卷。

128

45 在叶片底部涂胶水，之后将其粘贴在杆子上。

46 补一些胶水并调整位置，让叶片更服帖地包裹枝干。

47 用同样的方法制作下一片叶片，将其粘贴在第一片叶片对面。

48 最后手上微微蘸水调整一下花瓣弧度，让整体造型更加和谐。鸢尾花就制作完成啦。

工具材料

厚通草纸，22 号铁丝，12mm 绿色纸胶带，树脂黏土，超轻黏土，纸巾

油画颜料：锌白色，沙普绿，浅镉黄色，永固玫红，拿坡里黄，熟褐，普蓝

色粉：深绿色色粉（660.3）

扫码观看碗莲的
制作教程

实物大小的纸样

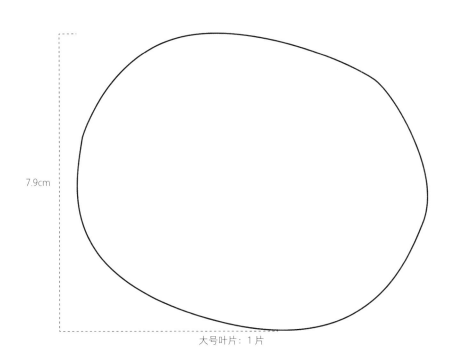

7.9cm

大号叶片：1 片

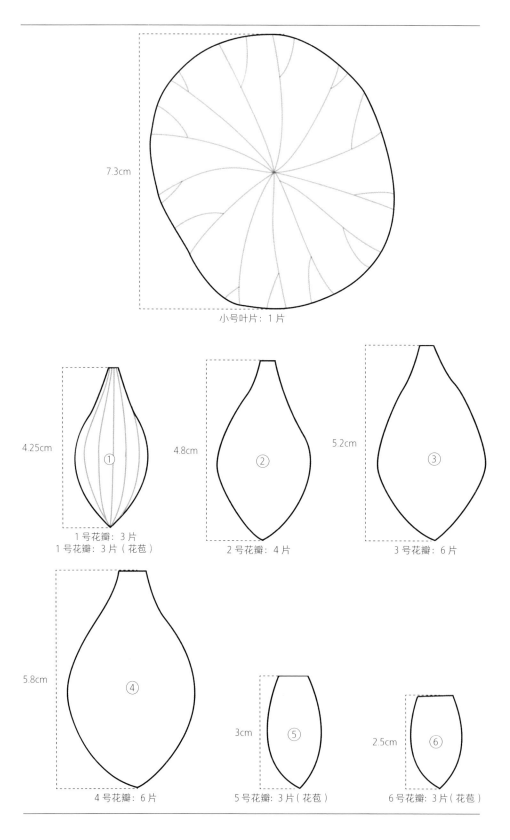

7.3cm

小号叶片：1 片

4.25cm ①

1 号花瓣：3 片
1 号花瓣：3 片（花苞）

4.8cm ②

2 号花瓣：4 片

5.2cm ③

3 号花瓣：6 片

5.8cm ④

4 号花瓣：6 片

3cm ⑤

5 号花瓣：3 片（花苞）

2.5cm ⑥

6 号花瓣：3 片（花苞）

❶ 将少量沙普绿＋更少的浅镉黄色加入白色树脂黏土，将黏土调成淡绿色，用于制作莲蓬。

❷ 取直径约1cm的黏土球，将其搓圆。

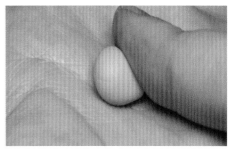

❸ 将圆形黏土的一头搓尖。

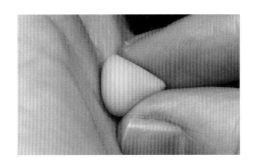

❹ 再将圆头按平。

❺ 准备22号铁丝，打弯钩后，用打弯钩的一端蘸取胶水。

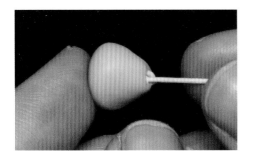

❻ 将铁丝从搓好的黏土的尖头端穿入。

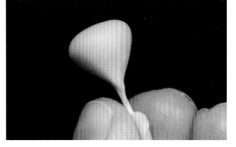

❼ 调整尖的一端的形状，掐掉黏土多余的部分。

8 用镊子把顶端圆形的边缘夹薄一些，夹出边缘的圆圈轮廓。

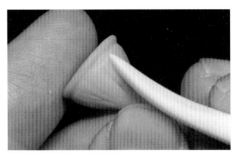

9 用鸭嘴棒的尖头在侧面划出深深浅浅的竖纹。

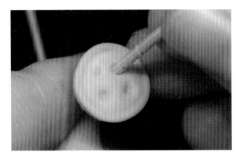

10 用牙签平的一头在圆顶中间按压出3～4个小孔。

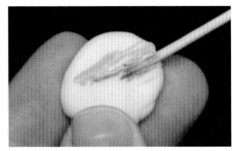

11 将少量浅镉黄色＋非常少的永固玫红加入树脂黏土，将黏土调成橘黄色。

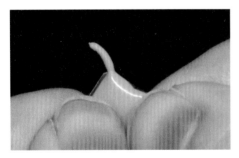

12 将调好的黏土装入小号自封袋，并在一角剪小口。挤出一小段后搓圆，小球直径约0.1cm。也可以直接揪一小团树脂黏土搓圆使用。

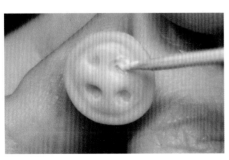

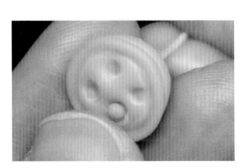

13 在莲蓬的凹槽里点入少量胶水，将黄色小球塞入凹槽。

⑭ 用22号铁丝在小球中间戳一个洞。

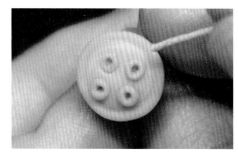

⑮ 用同样的方法填满每一个凹槽。

⑯ 将莲蓬的顶部边缘和侧面及莲蓬底部刷上深绿色色粉（660.3）。

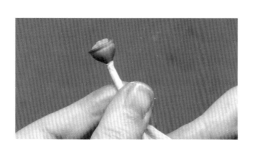

⑰ 将纸巾裁剪成宽约1cm的长条。在莲蓬的梗上刷胶水，缠三层纸巾，每缠一层新的，都要在上一层的表面刷上胶水。

⑱ 最后用绿色纸胶带缠两遍。

⑲ 下面开始制作花蕊。用少许锌白色+少许永固玫红+浅镉黄色+一些无味稀释剂，调出花蕊的黄色，刷在宽约2cm、长约7cm的通草纸上。

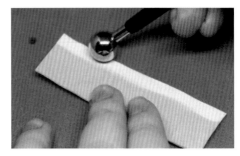

20 顶部0.5cm的位置刷上锌白色，两面都以同样的方法上色。等待颜色完全晾干后再使用。

21 将晾干后的花片润湿后滚薄白色边缘。

22 在白色区域涂抹胶水，再将其折叠粘贴。注意涂抹的胶水不要太多，避免折叠过来的时候胶水溢出。

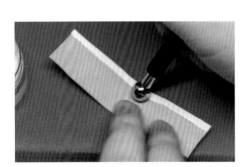

23 最后用丸棒轻轻按压白色、黄色部分的交界处，使其过渡得更自然。

24 将花片微微润湿，从白色那一头剪开。每个小长条宽约0.15cm，底部留约0.5cm不剪开。

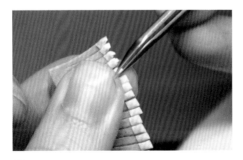

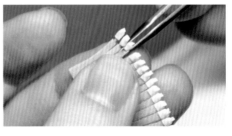

25 将镊子用湿纸巾沾湿，将每个长条的白色部分夹紧，夹出一个小尖，表现花药。

26 将黄白交界处也夹紧，让花药部分呈两头尖的米粒状。注意这里通草片太干的话会断裂，可以将镊子沾湿或者局部润湿通草片再进行操作。

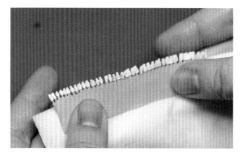
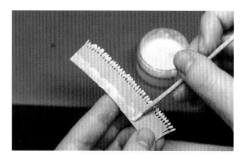

㉗ 润湿黄色的部分，并在下端涂抹胶水。

㉘ 将花蕊围绕莲蓬粘贴好，注意白色花药部分需要高出莲蓬。

㉙ 粘贴好了以后，用手指按压花蕊的刀口底部，让花蕊向外炸开一些。

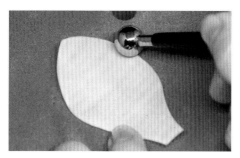

㉚ 接着制作花瓣。根据纸样裁剪出4号花瓣后润湿，滚薄边缘。

㉛ 用鸭嘴棒的尖头在花瓣上划出纹理。

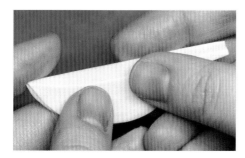

㉜ 再次将花瓣润湿到折叠后不会断裂的程度，将花瓣沿中线对折，划出纹理的一面朝里。

㉝ 用手指捏住花瓣顶端缓缓用力向外弯曲，多次缓缓用力，塑造出顶端外翻的弧度。

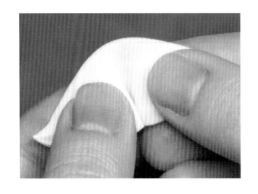

34 再捏住整片花瓣的顶部和底部靠近中间的部分，缓慢多次地向内弯曲，做出内凹的弧度。这里弧度越大，花瓣内凹的弧度也会越饱满。不用担心两边出现皱褶。

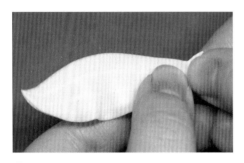 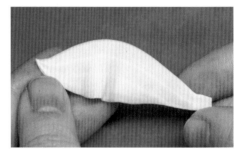

35 捏住花瓣底部，依然是多次缓慢均匀地用力外翻，做出如图所示的弧度。注意此处外翻弧度越大，花瓣粘贴好后整朵花开放程度越大。

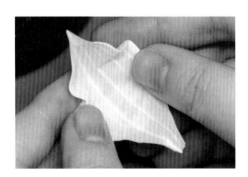 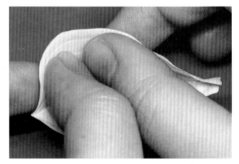

36 展开花瓣，手指蘸少许水微微拉扯，抚平花瓣两侧的皱褶。

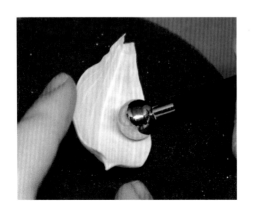

37 将花瓣微微润湿后放置在软海绵垫上，用丸棒沿着边缘稍微靠里的位置左右按压将边缘整理平整，并自然过渡花瓣整体的弧形。

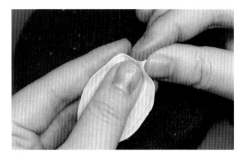 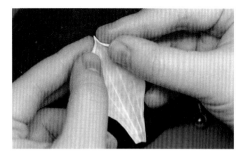

38 捏尖花瓣顶端，用手指轻轻揉捏顶端两侧的边缘，使其向里微微内翻。

39 同一型号的花瓣制作6片，制作好后可叠在一起晾干，每制作好一片花瓣，可以整理一下之前叠好的花瓣的弧度，这样可以防止花瓣在干燥过程中变形。

40 用同样的方法制作剩下的花瓣。最后需要1号花瓣3片，2号花瓣4片，3号、4号花瓣各6片。

41 用锌白色+少量拿坡里黄+少量浅镉黄色调出一个非常浅的浅黄色，刷满整个花瓣的背面。

42 用步骤41的浅黄色+少量永固玫红，调出浅粉色，在花瓣顶部小面积刷上这个浅粉色。

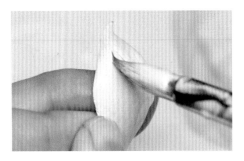

43 用浅黄色刷浅粉色的边缘，模糊边界线，让两种颜色衔接得更自然。

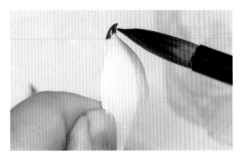

44 用永固玫红+少量熟褐调出一份深红色，在花瓣尖部小面积地填涂。

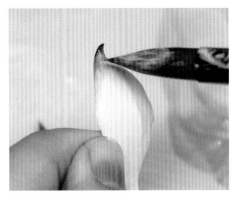

45 用浅粉色过渡深红色的边缘。除了一片1号花瓣和一片2号花瓣，其余所有花瓣都用同样的方法上色。

46 1号和2号花瓣各一片是保护瓣部分。先用浅黄色+沙普绿调出浅绿色，填涂在花瓣底部三分之二的位置。

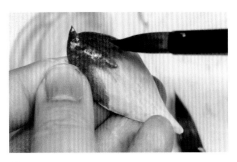

47 用步骤44的深红色填涂顶端，边缘不用太规则。

48 用浅粉色稍微过渡一下交界处。

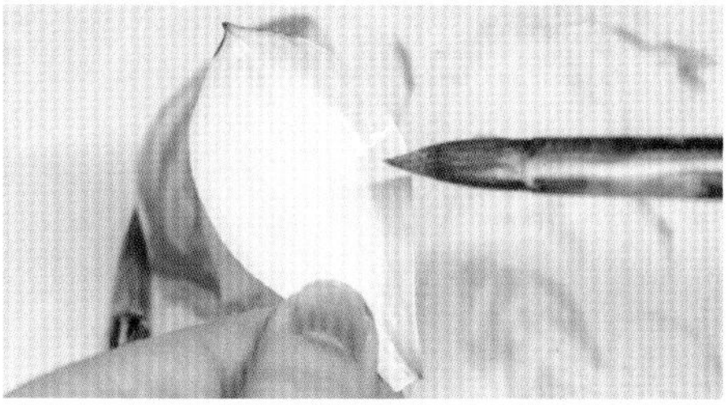

(49) 用浅粉色+浅绿色调出粉绿色，挑选1～2片最大的花瓣，在内侧竖直随机刷上少量粉绿色。

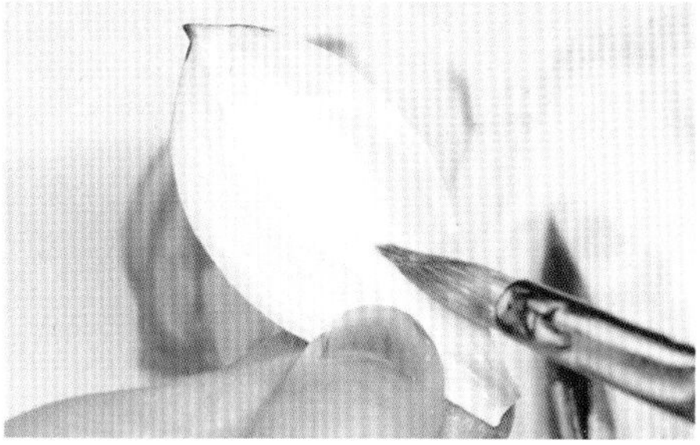

(50) 边缘用浅黄色微微过渡，不用涂满整片花瓣内侧。

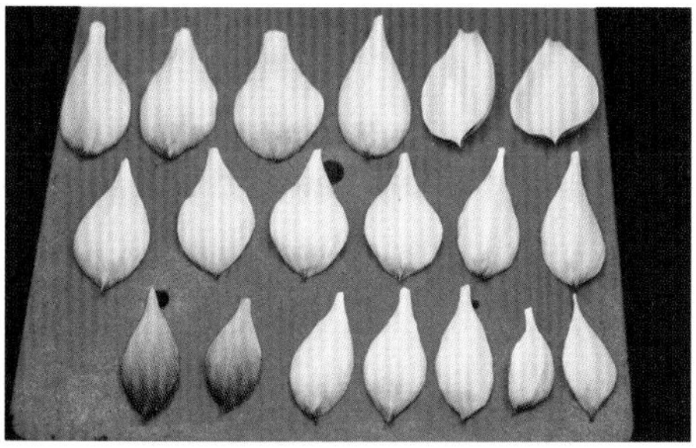

(51) 所有花瓣都上好色后，放到一边晾干备用。

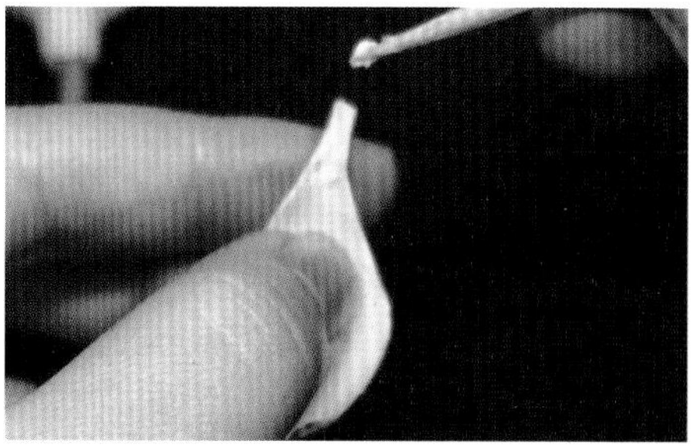

(52) 在花瓣底部刷胶水。

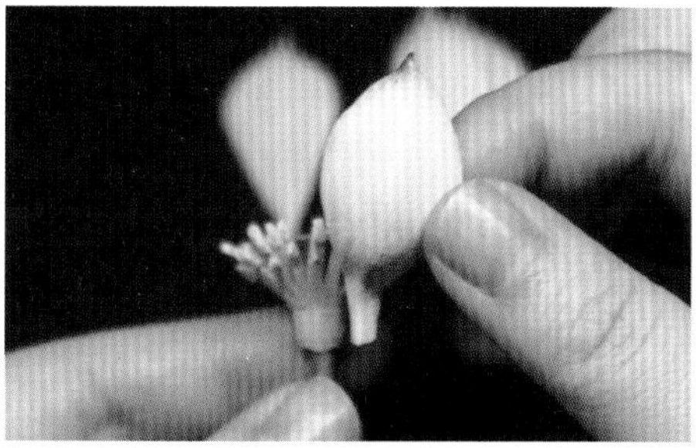

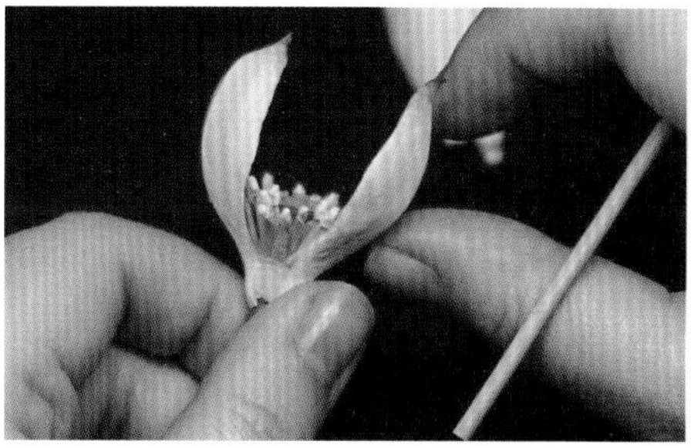

(53) 将第一层花瓣底部对齐花蕊底部粘贴，这一层由2片1号花瓣和3片2号花瓣组成。先粘贴两片比较小的1号花瓣，位置可以随机一些。

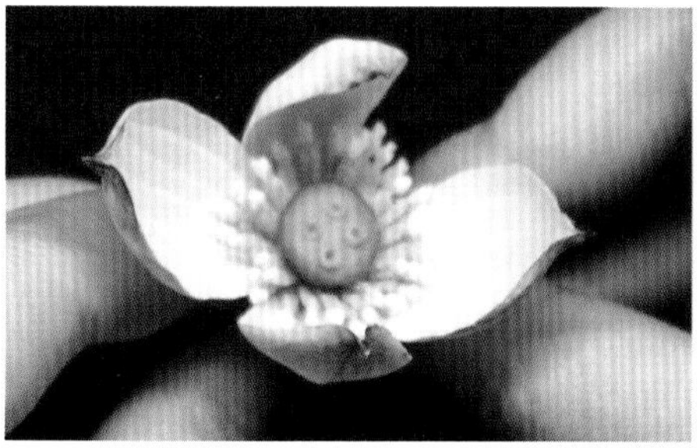

(54) 随后贴上剩下的3片2号花瓣，依然是位置随机，只要贴圆一圈即可。

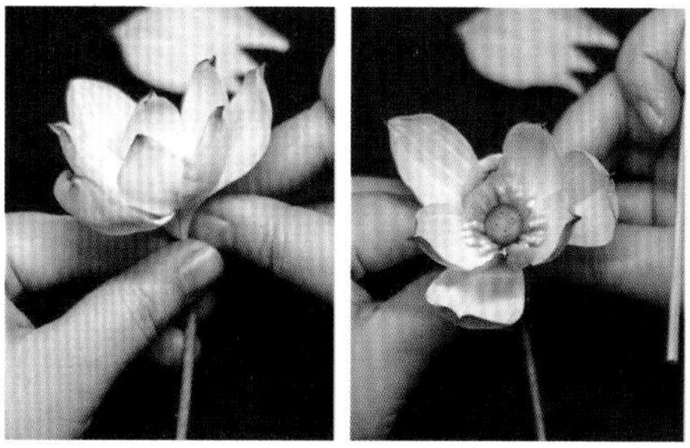

(55) 第二层是6片3号花瓣。先呈三角形贴三片。

56 之后在三片花瓣的缝隙处粘贴剩余的三片。注意这一层尽量不要与上一层花瓣完全重叠，稍微错开一些粘贴会更好看。

57 这一层贴好后可以用手微微合拢所有的花瓣，让花瓣中心部分收紧一些。

58 第三层是6片4号花瓣，用与上一层同样的方法三角粘贴后再插缝粘贴。注意与上一层花瓣稍微错开，不要完全重叠。这一层有1～2片内层上色的花瓣，不用特意找位置，混合其他花瓣粘贴即可。

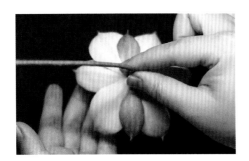 

59 将最后两片保护瓣在最外圈随机找位置粘贴好即可。

60 粘贴好所有花瓣后，手指稍微蘸水整理一下花瓣的形态，让整朵花的花形更和谐。

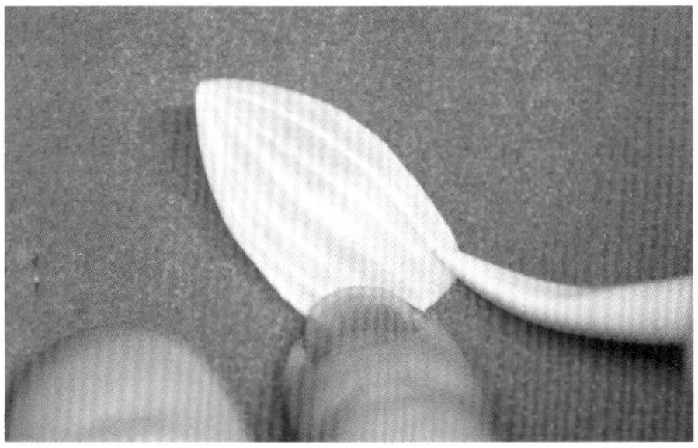

(61) 按照6号花瓣的纸样裁出形状后润湿，用鸭嘴棒的尖头划出纹理。

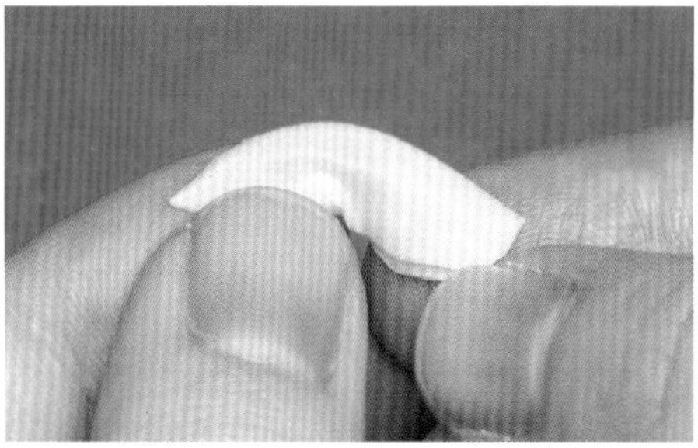

(62) 将花片有纹理的一面朝里对折，手指捏住花片两头多次缓慢用力地向内弯曲。

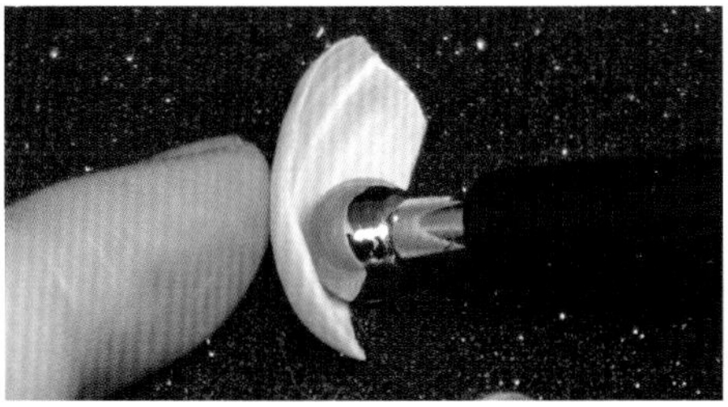

(63) 展开花片，抚平皱褶，在软海绵垫上用丸棒按压两侧边缘做出弧度。用同样的方法做出5号、6号花瓣各3片。

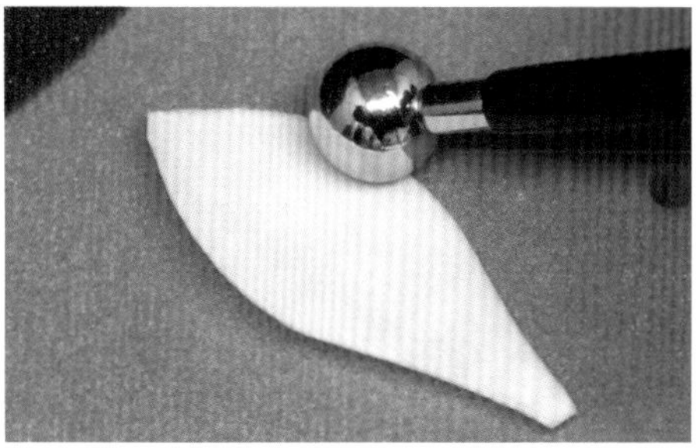

(64) 根据纸样裁剪出1号花瓣，润湿后用丸棒滚薄边缘。

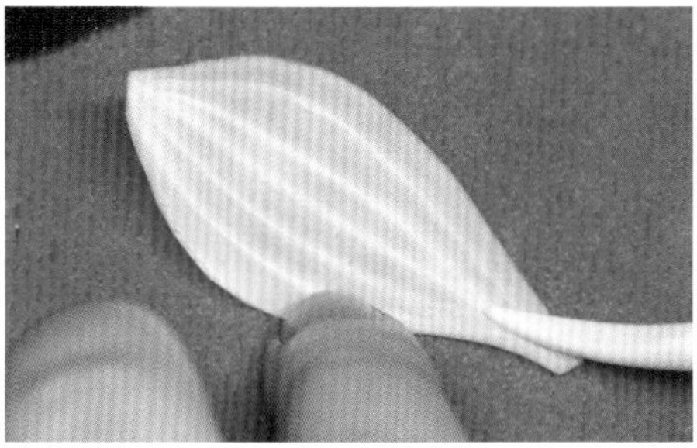

(65) 用鸭嘴棒的尖头划出花瓣的纹理。

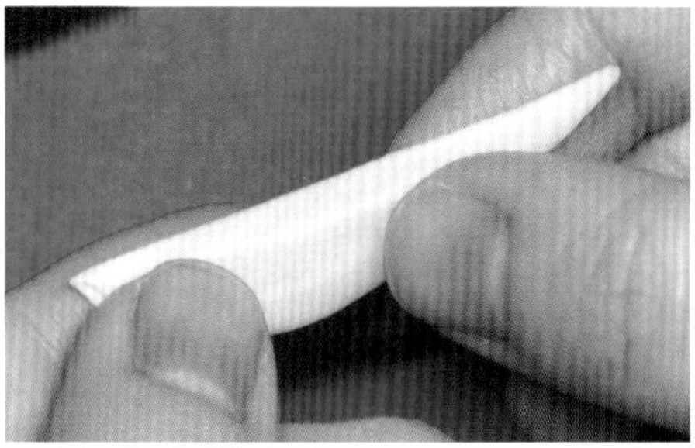

(66) 将有纹理的一面朝里对折。

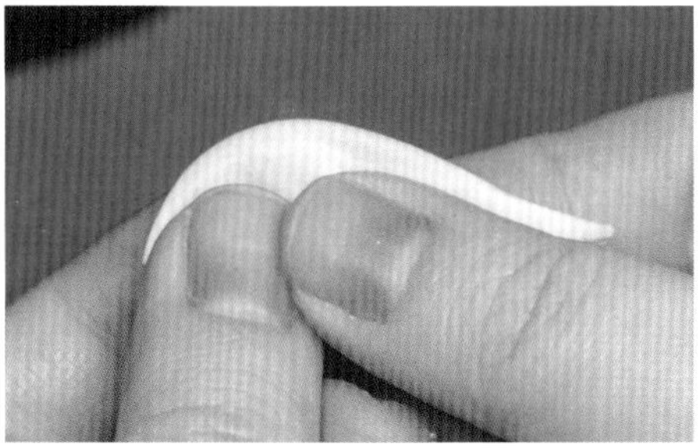

(67) 用手指捏住靠近顶部的位置多次缓慢地用力，做出弧形。

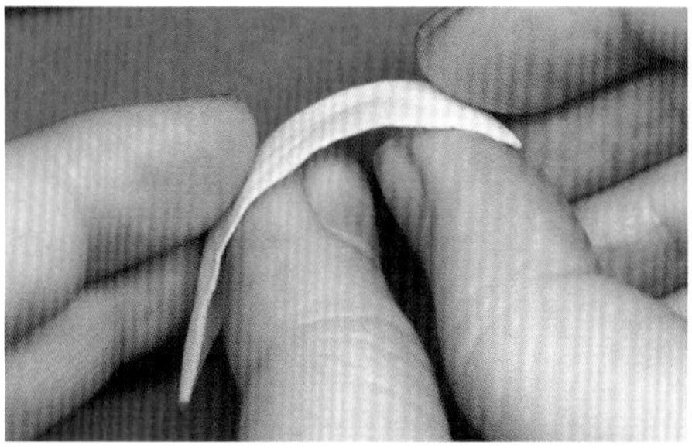

(68) 将花瓣展开，抚平两侧的皱褶。

69 在软海绵垫上用丸棒过渡花瓣两侧的弧度。用同样的方法做出3片1号花瓣。

70 将做好的1号、5号、6号花瓣叠起来，晾干定型。

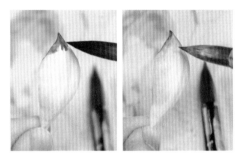

71 用步骤41 ~ 45的方法给3片1号花瓣上色，浅粉色的着色面积可以稍微大一些。

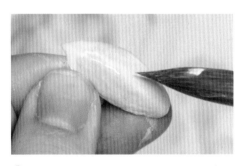

72 3片5号花瓣先使用浅黄色刷花瓣下方约四分之三的位置。

73 再用浅绿色刷花瓣下方约二分之一的位置，着色边缘可以随意一些。

74 最后用深红色刷顶部，并使用浅粉色过渡交界线。

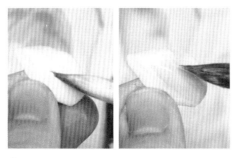 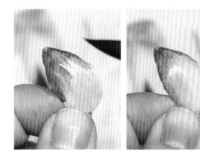

⑦⑤ 3片6号花瓣用同样的方法上色，这一层花瓣红色的着色面积需要更大一些。三个型号的花瓣上色呈现一个整体由浅及深的渐变。

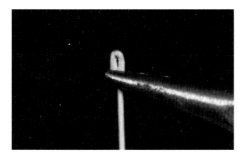

⑦⑥ 将22号铁丝顶部打钩。

⑦⑦ 取一团直径2～3cm的超轻黏土搓一个圆球。

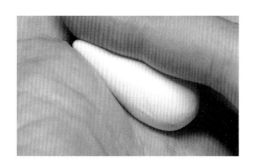

⑦⑧ 将圆球搓长，顶部搓尖。

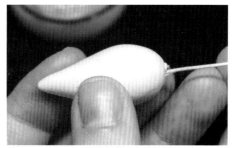

⑦⑨ 用铁丝打钩的一头蘸取胶水，之后从水滴形黏土的圆头端穿入，捏紧底端。

⑧⓪ 完成的花心长度约4cm，底部直径约1.5cm。花心尺寸可以有大小变化。最后用1号花瓣对比长度，花心不要超过花瓣的长度即可。

⑧① 将花梗按步骤17～18的方法裹上纸巾和纸胶带，之后将花瓣和花心都晾干备用。

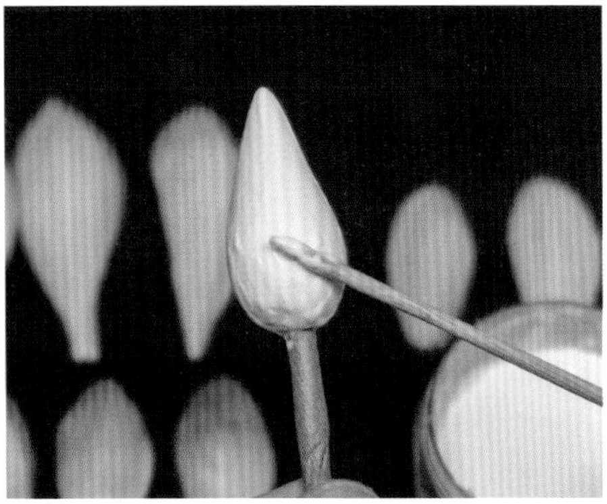

(82) 将花心整体涂抹胶水。

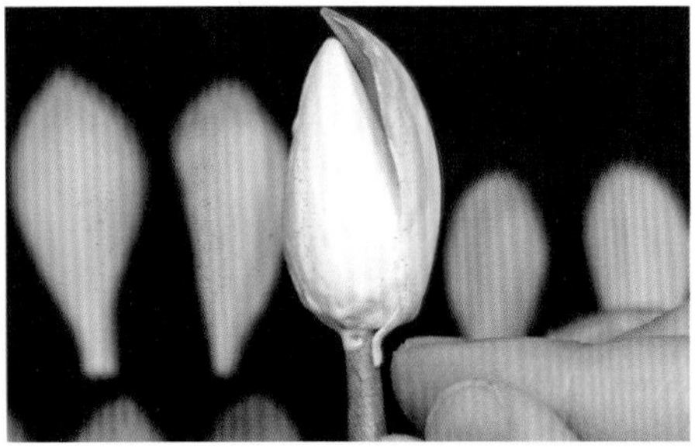
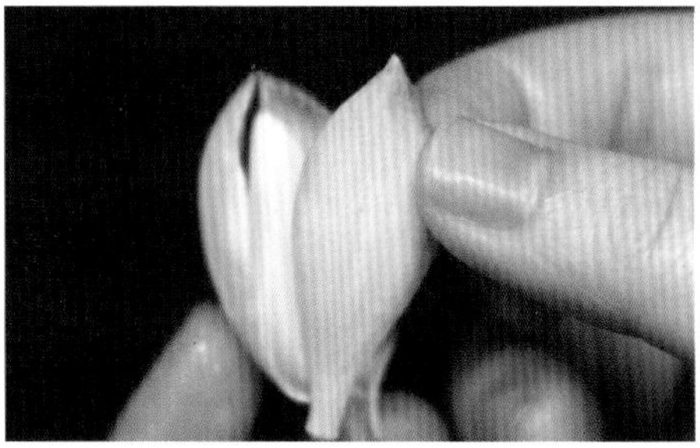

(83) 将1号花瓣呈三角形粘贴起来。需要注意顶部不能露出花心的部分。花瓣相互有覆盖很正常，底部会露出一些花心的部分。

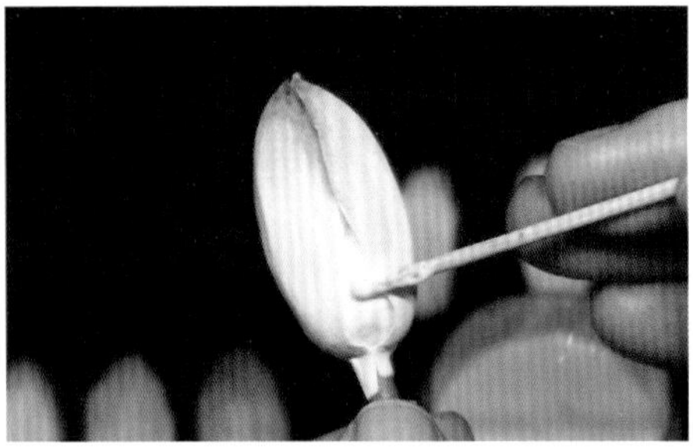
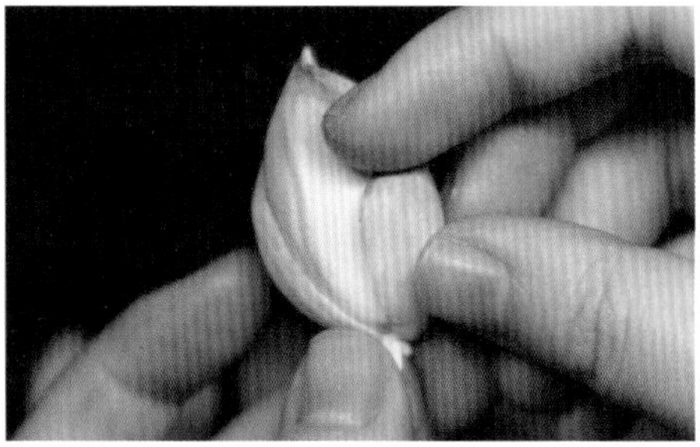

(84) 在花心底部露出的部分涂抹胶水，之后将3片5号花瓣呈三角形粘贴在空隙处。

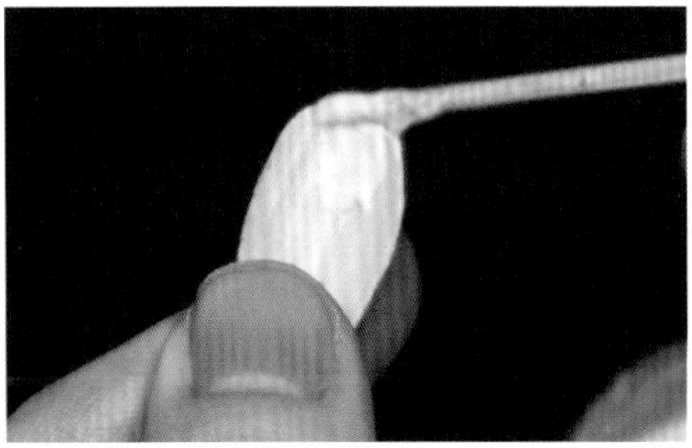
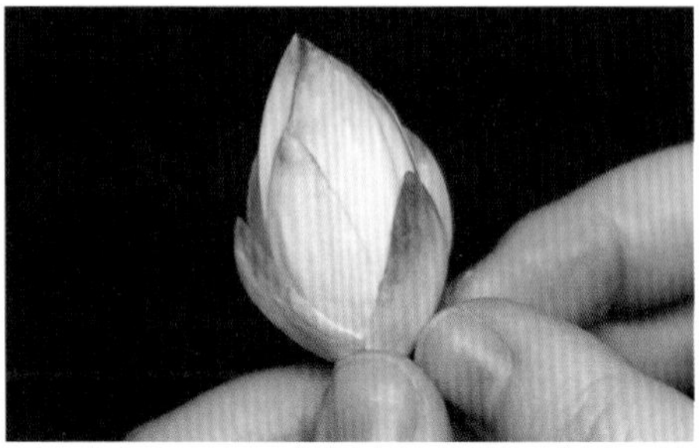

(85) 在3片6号花瓣的底部涂抹胶水，将其粘贴在上一层花瓣的交界处。

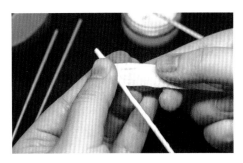

86 最后用纸胶带从花苞底部开始缠一圈花梗，用于遮盖花瓣底部多余的部分。

87 准备一些22号铁丝制作荷叶梗。先用1cm宽的纸巾段缠三层。

88 再缠两层绿色胶带。

89 按照纸样裁剪出大号叶片的形状，润湿后用丸棒压薄边缘。

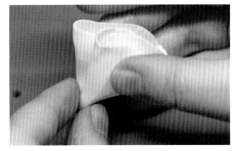

90 用鸭嘴棒的尖头划出荷叶的叶脉，从中间向周围发散开，顶端随机分叉。

91 再次润湿花片，将叶片对折再对折。

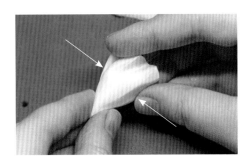

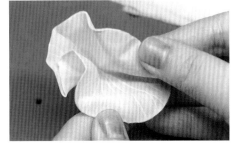

92 将折叠后的荷叶顶部捏紧几次，之后展开荷叶顶部，保留一些中间的圆锥状。

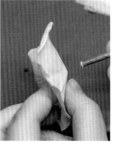

93 将叶片边缘局部外翻。用缠好纸胶带的荷叶梗顶部蘸取胶水，将其粘在荷叶背面的中心。

94 用手指按压交界处并稍稍等待胶水干燥。这一步也可以在叶片上色完成后进行。

95 用沙普绿＋少许普蓝＋少许浅镉黄色调出一个深绿色，涂在叶片正面。

96 用少许深绿色＋大量锌白色调出浅绿色，涂在叶片背面。

97 在叶片正面中间部分点一个浅绿色的小圆点。待叶片完全晾干后，用深绿色色粉（660.3）从叶片边缘向中间刷渐变色，增加层次。正常形态的荷叶就制作完成了。

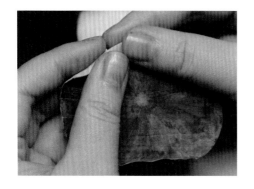

98 重复步骤89～97制作一片没有安装荷叶梗的小号叶片。润湿后将边缘向内卷起。

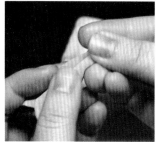

99 可以卷三条大小不等的卷。

100 找出一条中线，微微折叠叶片。

101 手指蘸水将叶片沿着这条线整体外翻。

102 将荷叶梗的一端蘸取胶水粘贴在荷叶背面。卷曲的荷叶就做好了。荷叶有两个尺寸的纸样，可以用以上制作方法随意组合。

103 最后将荷花和荷叶随意组装绑在一起或组合插入容器中。碗莲就制作完成啦。

第五章 通草花在生活中的应用

通草花在古代多用于宫廷簪花，随着时代的发展，如今通草花应用的方式更加丰富多样。通草花不但可以制作胸针、发卡等配饰，还可以制作瓶插、玻璃球等装饰摆件。

通草花配饰

（1）蓝星花胸针

工具材料

通草蓝星花，蓝星花叶片，剪刀，铁丝剪，牙签，绿色纸胶带，一字胸针主体，绿色蚕丝线，白色蚕丝线（可用绿色替代），酒精胶

❶ 准备三小朵蓝星花以及一大一小两片叶子。

❷ 将三朵小花呈三角形组装在一起，花头可以紧凑一些，尽量使花头都朝前。

❸ 在组装好的小花后面加上一大一小两片叶子，让背面尽量平整，这样佩戴起来不易碎。

❹ 用纸胶带将组装好的花和叶子缠绕在一起。

❺ 剪短花枝长度，留下大概1.5cm。

❻ 用牙签蘸取适量酒精胶，涂抹在一字胸针主体顶端约1.5cm的距离。

❼ 将涂抹了胶水的胸针粘贴在花枝背面。

❽ 待胶水稍稍干燥后，在花枝上缠绕纸胶带，增加摩擦力。

⑨ 捏住线头，用绿色蚕丝线从花枝顶部向下旋转缠绕，将线头也一起缠绕包裹住。缠绕得紧一些会更好看。

⑩ 缠绕到最底部后，另取一根约8cm的白色蚕丝线折叠。

⑪ 将折叠的一头朝上，这根线首尾都需要放置在超出花茎的长度。

⑫ 按住白色蚕丝线底部，用绿色蚕丝线继续包裹着这根线向上缠绕。

⑬ 缠绕完花枝约四分之三的部分后停止，留出约5cm的长度，剪断绿色蚕丝线。

⑭ 将绿色蚕丝线的线头穿入白色蚕丝线的折叠线顶部的"O"形中。

⑮ 捏住白线底端，将白线抽出，顶端的绿线就会被带到底部。

⑯ 剪掉多余的绿线线头。

⓱ 用牙签蘸取酒精胶涂抹在最底部的一圈线上加固。蓝星花胸针就做好啦。

（2）其他通草花配饰

更换主体和花头，也可以制作其他花的胸针，以及发簪、发钗、发梳等饰品。

蝴蝶兰胸针

茉莉花发梳

石榴花发梳

桂花发钗

茉莉花胸针

蝴蝶与花发簪

铃兰发冠

大丽花发簪

大花蕙兰发钗

仙鹤繁花发冠

花与蝶发冠

通草花装饰摆件

（1）六出花玻璃球摆件

工具材料

通草六出花，直径7cm的软木塞玻璃球，铁丝剪，剪刀

制作步骤

❶ 准备一支六出花和一个大小适中的软木塞玻璃罩。

❷ 对比长度后修剪花枝长度，由于这个玻璃球尺寸较小，花枝需要修剪到约0.5cm，才不会碰到玻璃外壁。

❸ 用剪刀或较粗的针在软木塞中间戳个洞，将修剪好花枝的花插入洞中，对比一下玻璃球的高度，再调整一下花枝高度。

❹ 用手微微拢起花瓣，将玻璃罩斜着慢慢调整角度盖上。由于玻璃罩很小，这一步需要小心一些，避免碰碎花瓣。这样六出花摆件就做好啦。

　　注：用软木塞底玻璃罩制作摆件不需要额外固定，比较方便。如果选用木底或竹底玻璃罩，需要将花枝底部的铁丝打圈后用热熔胶固定在底座上，之后用仿真苔藓等遮盖铁丝圈。

（2）其他通草花装饰摆件

　　通草花装饰摆件除了传统的植物主题外，还有蘑菇、水母等各种自然界的生物，都能达到栩栩如生的效果，具有很强的装饰性。

木底座通草蘑菇摆件

木底座水母摆件

第六章

通草花作品欣赏

日本晚櫻

黄色芍药

月季

紫藤

铃兰

金鱼

翠珠花

桃花

洋水仙

花毛茛

白色和浅黄色芍药

粉色芍药

苹果

双色菊花

蒲公英

牵牛花

洋甘菊

红山茶花

通草花篮
插花：赵地瓜
摄影：临溪摄影·何力